# OBSERVATIONS

## SUR

# LE CANON,

### PAR RAPPORT

## A L'INFANTERIE EN GÉNÉRAL,

### ET A LA COLONNE EN PARTICULIER:

Suivies de quelques Extraits

## DE L'ESSAI SUR L'USAGE DE L'ARTILLERIE,

### AVEC LES RÉPONSES.

## A AMSTERDAM,

*Et se trouve,*

## A PARIS,

Chez CHARLES-ANTOINE JOMBERT, Libraire du Roi pour l'Artillerie & le Génie, rue Dauphine, à l'Image Notre-Dame.

M. DCC. LXXII.

# AVERTISSEMENT.

CET Ouvrage, néceſſaire à la ſuite du Projet d'un Ordre François en Tactique, pouvant auſſi en être ſéparé, ſe vendra ſeul 4 liv. 4 ſ. broché ; mais il ſera dorénavant donné avec le Projet Tactique ſans augmenter le prix du volume, qui continuera de ſe vendre 15 liv. relié.

# ERRATA.

Page ij, *ligne* 1 : l'effuie, *lifez* l'effuiera.

Pag. 8, *lig.* 11 : toutes ces proportions, *lif.* toutes proportions.

Ibid. *lig.* 26 : mois, *lif.* moins.

Pag. 17 : *lig.* 3, elle forcée, *lif.* elle eft forcée.

Pag. 20 : *lig.* 3, il ne faut droit, *lif.* il ne faudroit.

Pag. 33 : *lig.* 22, Projet de la Tactique, *lif.* Projet de Tactique.

Pag. 35 : *lig.* 29, la grande partie, *lif.* la plus grande partie.

Pag. 36 : *lig.* 13, du Canon, *lif.* de Canon.

Pag. 41 : *lig.* 13, Obfervation II, *lif.* Obfervation XI.

Pag. 50 : *lig.* 5, Etlingen, *lif.* Ettingen.

La même faute aux pag. 55, 56, 61.

Pag. 55 : *lig.* 3, cela ne fuffit pas, *après ces mots*, un point, & *feule-ment* une virgule à la fin de la parenthefe.

Pag. 56 : *lig.* 29, nepeut, *lif.* ne peut.

Pag. 72 : *lig.* 4, ( Articles III, V, VII ), *lif.* ( Art. III, §. 7.).

Pag. 86 : *lig.* 1, Deltingen, *lif.* Dettingen.

# DISCOURS PRÉLIMINAIRE.

Sur la fin du dernier fiecle, notre Nation, comme le refte de l'Europe, fut faifie tout-à-coup d'un enthoufiafme incroyable pour la Moufque-terie, que des expériences affez récentes devoient pourtant faire mieux apprécier, puifque la fupériorité de celle des ennemis ne les avoit pas empêchés d'être battus à Steinkerque & à Nervinde. Mais Turenne, Condé, Luxembourg n'étoient plus : on ne fongea plus à la charge : on affoiblit de plus en plus l'ordre de l'Infanterie : & pour elle, l'art de la guerre devint uniquement l'art de tirer des coups de fufil. Cette nou-velle maniere ne porta pas bonheur à la France. Elle fubfifta pourtant ; & même elle fubfifte encore, quoique les Militaires les plus expéri-mentés commencent à en revenir, & à réduire à fa jufte valeur ce feu de pelotons fi vanté, qu'on ne parvient point à exécuter devant l'en-nemi, non plus qu'on ne parvient à tenir en ordre le bataillon à trois de hauteur, à portée de la Moufqueterie & en terrein libre.

Mais en même temps que la Moufqueterie perd un peu de fon crédit, il nous prend une autre fantaifie ; c'eft celle du Canon, duquel, de-puis quelques années, on s'exagere les effets, au point de regarder comme impoffible que l'Infanterie en approche, fur-tout fi elle eft dans un ordre folide.

J'ai combattu, comme prefque tous les Auteurs militaires, ces deux idées, qui ne font pas plus fondées en raifons qu'en expériences. Je crois devoir encore combattre la derniere ; convaincu que je rendrois un grand fervice à la Nation, fi je pouvois lui perfuader que, quoi qu'on ait pu lui dire, le feu de l'Artillerie ne fera jamais bien terrible, & ne l'empêchera pas d'avoir raifon de fes ennemis, lorfque, marchant à eux

A

fans délibérer, elle ne l'effuie qu'un moment. Je me crois d'ailleurs plus obligé qu'un autre à la guérifon d'une maladie à laquelle je pourrois bien avoir contribué. Folard avoit préfenté la Colonne : on en avoit raifonné, faifant, comme cela fe pratique, beaucoup d'objections. Quand je l'ai remife fur le bureau, on en a raifonné encore ; &, pour cette fois, toutes les objections fe font évanouies, il n'en eft refté qu'une feule, qui tient encore, & qui par conféquent fe répete autant de fois qu'il eft queftion de Colonne ; car il faut bien des objections. Mais à force de répéter que cette ordonnance, à cela près fi formidable, feroit facilement anéantie par le Canon, nous nous fommes d'autant plus habitués à regarder le Canon comme bien plus formidable encore.

J'avois pourtant répondu à cette objection ; mais cela ne fuffifoit pas à des Lecteurs, fur ce point, trop prévenus : il faut donc y revenir avec plus de foin, d'enfemble & d'étendue. C'eft pourquoi j'ai ramaffé dans les Obfervations que je donne aujourd'hui, les raifons qui m'ont paru propres à diffiper cette trop grande crainte du Canon, en général pour l'Infanterie, & en particulier pour celle qui iroit à la charge en Colonnes. On s'attend bien qu'il ne me fera pas poffible de ne rien répéter de ce que j'ai dit ailleurs, fur-tout voulant que ce petit Ouvrage puiffe également aller feul, ou à la fuite du premier, & m'impofant la loi de ne jamais renvoyer à celui-ci ; mais au moins je tâcherai de ne répéter que le plus néceffaire.

Je ne me diffimule point, comme on vient de le voir, que, fur la queftion que nous allons examiner, l'opinion la plus générale eft fort oppofée à la mienne. J'ofe même dire qu'il faut du courage pour attaquer hardiment une prévention fi forte & fi univerfelle. Mais j'ai bien combattu le fyftême de Tactique des Modernes, qui ne l'étoit pas moins ; &, en attendant le feul fuccès que j'ai défiré, je ne me repens pas de cette démarche. Mon fentiment fur la force refpective de l'Infanterie & de l'Artillerie me paroît très bien fondé & prouvé. Je crois de plus,

comme je l'ai remarqué tout-à-l'heure, très utile au fervice du Roi,
que cette même opinion foit plus répandue. Il y auroit donc, à n'ofer
la foutenir, une efpece de lâcheté : d'ailleurs, en préfentant les Pléfions, j'ai contracté l'engagement de les défendre contre toute objection paffée, préfente ou à venir, jufqu'à ce que leurs fuccès à la guerre
les défendent mieux que mes raifons, ou que de meilleures détruifent
l'idée que j'avois d'elles. Ni l'un ni l'autre n'étant point encore arrivé,
je dois répondre au feul argument que l'on fait contre les Pléfions ;
*comme fi les bataillons avoient répondu à quelqu'un de ceux qu'elles leur*
*ont oppofés.*

Cette obligation de répondre à l'objection du Canon eft dans ce moment même très preffante. Les obfervations que nous allons voir étoient
faites depuis long-temps, telles que je les donne aujourd'hui, lorfqu'il
me tomba en main un excellent Ouvrage fur l'Artillerie, qui, fans être
encore imprimé, ne laiffoit pas d'être répandu, & paroiffoit deftiné infailliblement à être bientôt public. L'Auteur, dont j'ignorois le nom,
& même s'il étoit mort ou vivant, combat tout ce que j'ai eu occafion
de dire par rapport au Canon, & prétend prouver non feulement que
fon influence dans les batailles eft beaucoup plus grande que je ne l'ai
fuppofé, mais que la Pléfion eft tellement en prife à fes coups, que
cette ordonnance, qui auroit été très bonne pour les Anciens, feroit
rarement pratiquable pour les Modernes. Cet Auteur, très attaché à
fon Corps, comme de raifon, combat vivement celui qu'il fuppofe faire
peu de cas de l'Artillerie, & n'en avoir jamais parlé que pour la décréditer ; mais, malgré cette idée, il ne m'en traite pas moins avec beaucoup d'honnêteté, & me marque même une eftime dont je ne puis être
que très flatté de la part d'un Auteur qui m'en a beaucoup infpiré lui-
même.

Dès que j'eus vu cet Ouvrage, j'y fis une réponfe. J'étois même à-
peu-près décidé à la donner avec ces Obfervations : cela n'auroit pas été
fort régulier, puifqu'il n'étoit pas entiérement public ; mais fans doute

l'Auteur ne l'auroit pas plus trouvé mauvais , que je ne le trouvois moi-même qu'il m'eût critiqué fans me mettre à portée de lui répondre. Et il me paroiffoit néceffaire de tâcher de rendre aux Pléfions les fuffrages qu'il pouvoit leur avoir enlevés , & peut-être de le ramener lui-même.

Ma réponfe devient bien plus indifpenfable aujourd'hui , *cet Effai fur l'ufage de l'Artillerie* étant imprimé : auffi , dès que j'ai fu qu'il étoit public , n'ai-je pas perdu un inftant à la donner , après avoir confacré quelques jours à y faire les petits changements auxquels m'obligeoient ceux que l'Auteur avoit faits lui-même. Mais je ne me fuis point fait une loi de répondre toujours à tout ; & j'ai quelquefois négligé ce qui importoit peu au fond de la queftion , ou n'avoit avec la Pléfion qu'un rapport éloigné. Au refte , je remercie très fincérement l'Auteur , & de l'honneur qu'il m'a fait , & des fecours qu'il m'a donnés pour éclaircir une matiere qui avoit befoin de cette difcuffion. Il m'a mis auffi dans le cas de développer un peu plus mon fyftême , ou du moins d'en faire prévoir le développement ; mais , comme ce n'étoit pas l'objet préfent , il a fallu paffer vîte fur ces détails : & il y a telle de mes réponfes qui , par cette raifon , peut paroître à bien des Lecteurs affez extraordinaire.

C'eft ici la place de répondre ( pour la derniere fois de ma vie , à la vérité , ) à un reproche que j'avois prévenu dans le Difcours préliminaire , puis dans la fuite du Projet de Tactique , & auquel j'ai encore répondu dans le petit Ouvrage que je donne aujourd'hui ; reproche auquel la matiere & la forme de ce dernier pourroient bien me mettre plus en prife que jamais. Plus d'un Lecteur m'a trouvé l'air trop à mon aife avec le Public , le ton trop décidé & trop tranchant. Ceux qui me connoiffent perfonnellement favent fi c'eft là mon caractere ; mais ils favent auffi qu'il eft fort éloigné de toute efpece de diffimulation ou de ménagements affectés. Je penfe de toute ma force , & j'écris exactement ce que je penfe ; c'eft ma maniere , que je changerois difficilement quand je le voudrois : il en eft de même du ftyle , qui eft une chofe d'habitude. Le mien , bon ou mauvais , s'eft fait dans l'âge de la vivacité , peut-être en a-t-il confervé l'empreinte ; mais il ne m'entrera jamais dans la tête, après avoir fini un Ouvrage, d'employer à le refroidir, à l'affoiblir, à l'appefantir, plus de temps que je n'en aurai mis à le compofer : ce feroit un travail trop ingrat.

On me reprochera encore d'être prévenu contre le Canon, & de ne pas lui accorder affez dans la guerre de campagne. Quant à ce dernier point, c'eft précifément ce dont il eft queftion aujourd'hui ; & je prie le Lecteur, quel qu'il foit, de ne me juger définitivement qu'après avoir vu lui même, fans aucune prévention, ma réponfe jufqu'au bout. Les circonftances & les feules occafions que j'aie eues de parler de l'Artillerie, ont pu me donner l'air d'être prévenu contre elle. Ce fera bien pis encore dans ces Obfervations, faites uniquement pour rabattre fur les effets du Canon dans les batailles, que je crois aujourd'hui affez généralement fort exagérés. Mais, de ce que je n'admets point, comme on le voudroit, qu'il puiffe faire en quatre minutes plus que peut-être il n'ait jamais fait en une heure, il ne s'enfuit pas du tout que je méconnoiffe fon utilité, beaucoup moins que je méconnoiffe la fupériorité de l'Artillerie Françoife. On doit même fouvent remarquer que la confiance en elle eft pour moi une des principales raifons de ne pas trop craindre celle des ennemis.

J'ajouterai qu'il eft affez fingulier qu'on accufe de la méprifer mal-à-propos le feul qui ait donné pour principe de n'y tenir expofée qu'un moment l'Infanterie, qui tant de fois l'a effuyée des heures entieres ; & qui, s'il eût traité de la Cavalerie, auroit établi un autre principe conf-tamment fuivi pour les Grenadiers à cheval des Pléfions, de ne jamais la préfenter en bataille de pied ferme, alignée avec l'Infanterie, mais de la tenir *toujours* en arriere, auffi long-temps & auffi loin qu'il eft poffible, fans perdre la certitude d'arriver une demi-minute plutôt que l'ennemi à la place qu'elle doit occuper dans l'ordre de bataille.

J'ai, à la vérité, lâché un mot bien fort contre l'effet de l'Artillerie dans les combats, & on le retrouvera encore en tête de ces Obfervations.

Je ne retoucherai pourtant pas à celle-ci plus qu'aux autres, & la laiſ-ferai telle qu'elle eſt, ne fût-ce que pour avoir occaſion de faire re-marquer qu'il n'eſt pas de mon crû. D'ailleurs, ſi, pris à toute rigueur, il eſt déraiſonnable; ſi, pouvant y être pris, il eſt imprudent, l'Auteur qui l'a tant relevé, pouvoit auſſi, ce me ſemble, le voir avec l'indul-gence qu'il ne refuſe pas à ceux qui en ont le moins de beſoin. » Le » zele des plus grands hommes, dit-il, leur fait quelquefois porter la » critique trop loin, pour mieux appuyer contre le défaut qu'ils com-» battent. Mais ce ſeroit ſe tromper ſoi-même, & aller contre leurs » intentions, que de prendre leurs expreſſions trop à la lettre «. Quel Auteur en effet voudroit qu'on y prît toutes les ſiennes ? Faut-il, par exemple, y prendre celle-ci ? *Les bonnes diſpoſitions de l'Artillerie, par conſéquent la victoire.*

# OBSERVATIONS
## SUR LE CANON,

*Par rapport à l'Infanterie en général, & à la Colonne en particulier.*

### I.

Depuis quelques années on a pour le Canon bien plus de respect qu'on n'en avoit autrefois. On répétoit encore il n'y a pas trente ans *, qu'il étoit *compté presque pour rien dans les batailles.* On disoit tous les jours qu'il n'emporte que les *Prédestinés.* Qu'a-t-il donc fait depuis de si terrible, pour avoir tellement changé nos idées ? Quelle armée, quelle troupe a-t-il détruite ? Il a maltraité les Grenadiers de France à Minden. Nous reviendrons sur cet exemple : mais en attendant il faut avouer qu'en tant de campagnes, ce seul fait, qui même n'est pas un fait principal, puisque ce n'est pas le Canon qui a causé la perte de cette bataille, semble peu de chose pour en faire tant de bruit.

* Préface de la Traduction de Végece , imprimée en 1744.

### II.

On prétend que le Canon est bien plus à craindre au-

I

jourd'hui qu'il n'étoit autrefois, étant beaucoup plus nombreux & mieux fervi. Quant à ce dernier point, il y a long-
temps qu'on le fert bien ; & il n'eft pas prouvé, ni admis
par les meilleurs Officiers d'Artillerie, qu'il foit plus avantageux de tirer avec la plus grande vivacité, que de fe donner
le temps de pointer. Quant à la différence du nombre, nous
en parlerons tout-à-l'heure ; mais il faut obferver que fi dans
les fiecles paffés les armées avoient moins de Canon, elles
étoient auffi beaucoup plus petites dans ce qu'elles conte-
noient, moins alongées, & plus fortes en Cavalerie. Mais
quand, toutes ces proportions gardées, il y auroit aujour-
d'hui deux fois plus de Canon, deux fois ce qu'on comptoit
pour rien feroit feulement à compter pour quelque chofe.
D'ailleurs, puifque fon effet eft proportionnel à la quantité
de coups, par conféquent à la durée de la canonnade, expédiant l'affaire de moitié plus vîte que ne l'ont été prefque
toutes celles qu'on pourroit citer, on fe retrouveroit au pair,
& le Canon ne feroit ni plus ni moins qu'il ne fit dans ces
occafions : expédiant beaucoup plus promptement encore,
comme cela feroit le plus fouvent très poffible, fon effet feroit
encore beaucoup moindre.

## I I I.

Sans doute il y a aujourd'hui plus de Canon dans les Armées, qu'il n'y en avoit au commencement du fiecle : mais
il ne faut pas, pour juftifier la crainte nouvelle qu'il infpire,
s'exagérer trop cette différence, & fuppofer qu'il étoit encore mois nombreux dans les guerres précédentes, & d'autant moins, qu'elles s'éloignent plus de notre temps (a). Souvent l'Artillerie a été, toutes proportions gardées, à-peu-
près auffi nombreufe qu'elle l'eft aujourd'hui ; quelquefois
beaucoup davantage : d'où il réfulte qu'il ne lui appartient
pas plus de confidération qu'il lui en appartenoit, par exem-

---

(a) Un petit Ouvrage fur l'Artillerie,     » avoit trente pieces de Canon : plus an-
imprimé en 1770, prétend que » au-     » ciennement elle n'en avoit que dix «.
» trefois une armée de 30000 hommes     On dit cela tous les jours, & on le croit.

ple,

ple, du temps de Turenne. Or fi l'on veut favoir ce qu'il en penfoit, il le dira lui-même parlant du fecond combat de Fribourg : » Le Canon de la montagne ne faifoit pas beau-
» coup de mal, parceque les Troupes Françoifes n'étoient
» pas dans un défilé ». Ce font fes propres paroles qui n'ont pas befoin de commentaire. Il paroît que Montecuculi ne comptoit pas non plus le Canon pour beaucoup, à moins que le combat ne fe prolongeât ; & étoit bien d'accord du principe rappellé dans la précédente obfervation : » Le Ca-
» non, dit-il, fert extrêmement à la défenfe d'un camp
» fortifié, *parceque comme on n'en vient pas fi vîte aux mains*
» *que dans un combat qui fe donne en rafe campagne,*
» l'Artillerie *a le loifir* de tirer fouvent ».

Mais voyons quelle étoit donc la quantité de Canon au commencement du fiecle, & dans les deux précédents, fur laquelle encore il faut remarquer : 1°. que l'Infanterie étoit dans un ordre beaucoup plus épais, par conféquent que trois pieces faifoient l'effet de fix & de huit, s'il eft vrai, comme on le prétend aujourd'hui, que la profondeur foit fi avan-tageufe à l'Artillerie : 2°. que prefque toujours la totalité de cette Artillerie étoit de belles & bonnes pieces de parc, portant plus loin, plus jufte, & faifant tout un autre fracas que nos petits Canons de Régiment qui compofent aujour-d'hui la moitié de l'Artillerie d'une Armée.

En 1701, l'Armée du Prince Eugene étoit de trente mille hommes, dont dix-neuf mille deux cents d'Infanterie. A Chiari, la droite, où étoient vingt-quatre Bataillons fai-fant quatorze mille quatre cents hommes, avoit pour fa part cinquante pieces de Canon, fans compter ce qui étoit à la gauche ; & il eft bon de remarquer que dans le combat qui dura deux heures, tant à cette droite, qu'à la gauche où les François forcerent puis reperdirent des caffines, ils eurent en tout trois mille hommes tués, tant du Canon que de la Moufqueterie.

Dans la même campagne le Prince Eugene, marchant à un pofte fur l'Adige avec fix mille hommes d'Infanterie

*Hiftoire du Prin-ce Eugene.*

B

& fix mille chevaux, avoit vingt pieces de Canon.

En 1690, le Corps de Rubantel, qui le 28 Juin joignit le Maréchal de Luxembourg, étoit de dix-huit Bataillons, trente Efcadrons, trente pieces de Canon. A Fleurus toute l'Armée étoit de trente-fept Bataillons, quatre-vingts Efca-drons, foixante-cinq pieces.

En 1691, le 21 Mai, l'Armée fe trouvoit de trente-neuf Bataillons, cent vingt-un Efcadrons, foixante pieces ; le 30 Juillet, de quarante-neuf Bataillons, cent dix-neuf Efcadrons, foixante & quatorze pieces ; enfin, le 9 Août, de cinquante-quatre Bataillons, cent trente-cinq Efca-drons, quatre-vingts pieces de Canon.

En 1692, l'Armée étoit de cent quatre Bataillons, deux cents quatre-vingt-dix-neuf Efcadrons, cent quatre-vingt-feize pieces de Canon, fans compter foixante-fept mortiers.

En 1693, l'Armée du Prince d'Orange, non compris le Corps qui étoit à Liege, étoit de foixante-un Bataillons, cent quarante-deux Efcadrons, cent une pieces de Canon.

En 1694, les Ennemis avoient quatre-vingt-trois Batail-lons, deux cents cinquante-cinq Efcadrons, cent vingt pieces de Canon, douze mortiers.

En 1674, à Ensheim, Turenne avoit vingt-deux mille hommes, dont près de la moitié en Cavalerie, puifqu'il n'avoit que vingt-un Bataillons, & trente pieces de Canon : l'Ennemi, fort de trente-cinq mille hommes, en avoit cin-quante pieces.

Le même Général, en 1648, avoit quatre mille hommes d'Infanterie, autant de Cavalerie, vingt pieces de Canon. Il y eut dans cette Campagne une attaque d'arriere-garde, foutenue par Melander, avec deux mille Moufquetaires, quelque Cavalerie, & du Canon dont Turenne ne dit pas le nombre, mais on voit qu'il y en prit huit pieces.

En 1646, Turenne & Wrangel, réunis, avoient fept mille hommes d'Infanterie, dix mille de Cavalerie, & foixante pieces de Canon. L'Armée Impériale oppofée, quoiqu'un peu plus forte, n'en avoit que cinquante.

En 1645, Turenne avoit dix mille hommes, dont la moitié de Cavalerie, & douze ou quinze pieces.

En 1644, lorfqu'il paffa le Rhin pour fecourir Fribourg, fon Armée étoit de même force, mais avoit quinze ou vingt pieces de Canon. Je ne peux fur ce point donner plus de précifion qu'il n'en donne lui-même, ni m'empêcher de remarquer cet air d'indifférence. C'eft une chofe remarquable encore qu'il ait eu dans fes dernieres campagnes beaucoup moins de Canon en proportion de fes forces qu'il n'en avoit eu dans les premieres.

En 1630, le Roi de Suede faifant le fiege de Greiffenhagen en Poméranie, avoit douze mille hommes d'Infanterie, quatre-vingt-cinq Efcadrons, quatre-vingts pieces de Canon en batterie. Hiftoire de Guftave Adolphe.

En 1631, faifant fon entrée à Francfort, il avoit cinquante-fix pieces de Canon à la tête de la marche, fans compter d'autres qui étoient à la queue, ni la groffe Artillerie qui étoit embarquée fur le Mein : fon Armée alors étoit de vingt-trois mille hommes, & ne fut que deux jours après portée à trente-cinq mille par la jonction des Heffois.

En 1632, au paffage du Lech, Guftave fit agir foixante & douze pieces de gros Canon. Dans cette même campagne il marcha au fecours de Nuremberg, menacé par Walftein, avec un corps de quinze mille hommes, & foixante & dix pieces de différents calibres. Quelque temps après, les deux Armées fe trouverent près de cette ville, fortes chacune de cinquante à foixante mille hommes ; & il fe donna entre elles un petit combat où il y avoit plus de deux cents pieces de Canon.

Nous ne chercherons point la proportion du Canon dans nos Guerres civiles, où les Armées étoient compofées & outillées comme elles pouvoient : remontons au-delà.

En 1556, le Maréchal de Briffac marcha à Vignal avec huit mille hommes d'Infanterie, mille chevaux, douze pieces de batterie fans les petites. Mémoires de Boivin de Villars.

En 1555, les Ennemis, campés fur la Doire-Balte,

avoient vingt-cinq mille hommes d'Infanterie, quatre mille chevaux, & quarante pieces, sans compter les fauconneaux & autres petites.

En 1552, à Lanz, le Maréchal avoit six mille deux cents hommes, mille deux cents chevaux, & douze pieces de Canon. On voit dans la même campagne un Corps ennemi de deux mille hommes tout au plus, avec quatre Canons & deux Coulevrines.

Enfin, en 1551, le même Général marcha à Quiers avec deux mille quatre cents hommes d'Infanterie, trois cents tant Hommes d'armes que Chevaux-Légers, dix pieces de Canon.

Guichardin. En 1529, l'Armée de Charles-Quint, contre les Florentins, étoit de sept mille trois cents hommes, trois cents chevaux, vingt-cinq pieces de Canon.

En 1528, le Vice-Roi de Naples joignit les Impériaux avec trois mille hommes & douze pieces. Dans la même année, Antoine de Leve joignit le Duc de Brunswick avec six mille hommes d'Infanterie, dix-sept grosses pieces.

En 1527, le Roi de France s'obligea par un traité, de fournir aux Vénitiens dix mille hommes d'Infanterie, dix-huit pieces de Canon.

En 1526, l'Armée du Pape, contre les Siennois, étoit de huit mille hommes & douze cents chevaux. L'Historien ne dit point combien elle avoit de Canon : mais on voit que dans sa retraite elle en perdit dix-sept pieces.

En 1513, l'Armée Françoise étoit de quinze mille hommes, & ne se trouva pas toute entiere à Novarre : elle y perdit vingt-deux grosses pieces; & ce n'étoit pas tout ce qu'elle en avoit : on sait que les Suisses qui la battirent n'en avoient point du tout.

En 1509, à Aignadel, l'Armée Vénitienne étoit en tout de vingt mille hommes : l'arriere-garde seule combattit & perdit vingt pieces de Canon.

En 1505, l'Armée de Florence, contre les Pisans, n'avoit que sept mille hommes d'Infanterie, & seize grosses pieces, sans compter les petites.

Enfin Charles VIII, entrant en Italie, avoit en tout vingt à vingt-trois mille hommes. Guichardin, fans faire autrement le dénombrement de fon Artillerie, dit feulement qu'elle étoit très nombreufe & très bien fervie : d'autres Hiftoriens (a) la portent à cent quarante pieces.

## I V.

Calculer le nombre de coups que tirent tant de pieces en tant de minutes, c'eft calculer le bruit & la fumée. A calculer ainfi la Moufqueterie, qui oferoit approcher d'un Bataillon de 600 hommes, tirant facilement en un quart d'heure 27 mille coups de fufil ? C'eft l'effet qu'il s'agit de calculer. Il faut voir quelle a été dans telle occafion la perte de telles troupes, par le feu de tant de pieces, effuyé tant de temps; & on ne trouvera pas *un feul exemple* qui ne foit très propre à raffurer contre ce danger ceux qui, marchant réfolument à l'ennemi, n'y feront expofés que très peu de temps.

Calculons, par exemple, la perte des François à Chiari : après avoir fouftrait ce qu'ils perdirent à l'attaque des cafines à la gauche des Ennemis, ou par la Moufqueterie à la droite, admettons fi l'on veut, pour faire bonne mefure, que les 50 pieces de Canon leur tuerent pour leur part 1200, 1500, 1800 hommes. Dans la derniere fuppofition c'étoit 15 hommes par minute, puifque le combat dura deux heures ; & cette perte de 15 hommes étoit répandue fur une trentaine de Bataillons.

Calculerons-nous celle des Grenadiers de France à Minden ? Des Officiers de cette Troupe m'ont affuré qu'ils effuyerent au moins trois heures le feu d'une nombreufe Artillerie, & perdirent 320 hommes, dont les deux tiers dans les deux Bataillons qui étoient en premiere ligne : à ce compte

---

(a) L'Auteur de la nouvelle Hiftoire de Charles-Quint, dans fon Introduction, obferve feulement que les préparatifs & approvifionnements en Artillerie, vivres & munitions, pour cette petite Armée, étoient fi confidérables, qu'on peut les *comparer aux préparatifs immenfes qu'exigent les guerres de notre temps.*

ce feroit, pour chacun de ces Bataillons, environ 40 hommes par heure. Veut-on chicaner ce calcul ? Triplons ce nombre, il y a de la marge : ce fera pour chaque Bataillon deux hommes par minute. Ces deux exemples ne plaifent-ils pas ? Qu'on en cherche d'autres. Pour moi je n'en connois pas dont le réfultat foit plus effrayant.

## V.

Il eft dans l'humanité que chacun de la meilleure foi s'exagere un peu l'importance de fa befogne. Cette prévention eft même raifonnable en quelque maniere, puifque chaque partie a fon utilité très réelle, que celui qui s'en occupe connoît mieux qu'un autre, & qu'il ne connoît l'utilité des autres. Ainfi le célebre de Lorme a fait un Mémoire pour prouver qu'il eft inutile de donner aux places d'autres défenfes ni défenfeurs, qu'une fimple enceinte avec chemin couvert, & un grand nombre de Mineurs. Les Officiers d'Artillerie, généralement fort bons & fort inftruits, écrivent & raifonnent beaucoup, & bien : on les écoute avec la curiofité, la déférence, l'admiration même, qu'obtiennent aifément les Maîtres d'un Art quelconque, de ceux pour qui il eft intéreffant, mais à qui il eft peu connu. Ils nous difent de l'effet du Canon des chofes étonnantes : mais après tout, ils doivent favoir mieux que nous ce qui en eft. Ils nous perfuadent donc ce qu'ils veulent; & nous croyons *in verba Magiftri* que *le Canon eft* (1) *l'ame des Armées.*

## V I.

Le Canon après avoir été fort nombreux relativement à la force des Armées, l'étoit devenu beaucoup moins. On s'eft remis à le multiplier, & cette mode a prefque toujours commencé par les Etrangers. Ne fachant pas marcher à nous & craignant beaucoup que nous ne marchions à eux, il faut

---

(a) Cette Obfervation, ainfi que toutes les autres, étoit écrite, comme on l'a vu, dans l'Avertiffement, avant que je connuffe l'Ouvrage auquel je répondrai ci-après ; & je prie le Lecteur de ne pas lui attribuer le mot que je releve ici.

bien qu'ils foient tout occupés de nous battre de loin, & de nous rendre l'approche le plus difficile qu'ils pourront.

Il eſt bon quelquefois d'imiter ſon Ennemi : mais il ne faut pas prendre ſon ton quand on en a un meilleur. Ce ne fut que dans la décadence de l'Empire que la Légion prit celui des Barbares, &, à leur exemple, mit ſa principale confiance dans les armes de jet. Une ſeule de ces Nations barbares n'en fit jamais beaucoup de cas : c'eſt pourtant la ſeule à qui nous duſſions reſſembler.

### V I I.

La crainte du Canon empêche d'aller à la charge : elle devroit faire l'effet contraire. Un Peuple du Mexique, voyant l'Artillerie pour la premiere fois, fut d'abord, comme de raiſon, très étonné; mais la réflexion fut prompte & juſte: ces Sauvages comprirent aiſément que, tant qu'ils ſeroient éloignés, ce tonnerre donneroit tout l'avantage aux Eſpagnols; &, ſans trop délibérer, les chargerent, dans un ordre épais & ſerré, avec la plus grande impétuoſité; auſſi les rompirent-ils : mais ceux-ci, par l'avantage de leur Cavalerie, de leur diſcipline, & ſur-tout par l'ignorance des Sauvages, ſe rallierent & finirent par gagner la bataille. Cet exemple a été rapporté dans le Projet de Tactique; mais il eſt ſi remarquable, qu'il n'eſt pas à craindre de trop le répéter.

### V I I I.

Mais le moyen d'aller à la charge, malgré le feu de toute cette Artillerie ? Pour charger avec apparence de ſuccès, il faudroit être en Colonnes, ou au moins dans un ordre plus ſolide que nos minces Bataillons : & on ne peut ſeulement voir une Colonne formée, & ſe la figurer eſſuyant du Canon, ſans ſe la repréſenter auſſi-tôt anéantie. En attendant la réalité, cette image ſeule fait trembler.

Cette objection, qui, plus d'une fois, m'a été faite en propres termes, prouve parfaitement qu'on eſt bien rempli de cette idée, mais nullement qu'elle foit bien fondée. S'il ne s'agit que de trembler d'après celles dont on eft frappé, nous fommes à deux de jeu, & je tremble tout autant quand je me repréfente nos minces Bataillons, malgré leur feu & leur fumée, chargés réfolument par une ordonnance plus épaiffe. Je ne peux pas les voir un moment en ligne fans être pourfuivi de cette réflexion. Au refte, j'avoue qu'il y auroit de quoi trembler pour une Colonne qui feroit en butte au Canon, découverte, ifolée, immobile, comme on veut toujours fe la repréfenter. Mais fi on veut bien enfin l'en-vifager -chargeant à la maniere de la Pléfion, & avec les mêmes (a) accompagnements, il y aura de quoi fe raffurer. Ce n'eft que par ce mal-entendu qu'on fait encore contre la Colonne cette objection, que fes défen-feurs mieux entendus auroient fait évanouir comme toutes les autres. Il y a pourtant une raifon pour que celle-ci foit plus tenace. Ce point, trop cafuel & trop phyfique, fe prête moins qu'un autre à une démonftration géométrique, qui réduife l'objection à l'abfurde. Qu'on nous objecte le recour-bement du Bataillon fur les flancs de la Colonne, ou telle au-tre manœuvre ; nous pouvons bien en démontrer l'impoffibi-lité ou l'inutilité. Mais nous ne pouvons pas plus démon-trer que la Colonne allant à la charge ne perdra que 6 hom-mes par le Canon, qu'on ne peut nous démontrer qu'elle en perdra 60. On verra pourtant ci-après dans la 13ᵉ Ob-fervation une réponfe à cette objection du Canon, qui, fi je ne m'abufe très *parfaitement, en démontre* plus qu'il n'en faut pour la réfuter entiérement.

## I X.

On fe fert affez fouvent du Canon, pour qu'on eût vu bien des fois des Troupes par lui abîmées, s'il étoit auffi

---

(a) Voyez ci-après les Obfervations XI, XIV, & XVI : mais il vaudroit en core bien mieux voir un Mémoire qui n'eft connu que de peu de perfonnes, & qu'il n'eft guere poffible de donner au Public. Au refte, dans le Projet de Tactique feulement, fi l'on veut y regarder, on en verra affez fur ce point.

terrible

terrible qu'on le fuppofe ; & quoique l'Infanterie combatte
ordinairement dans un ordre très mince, il eſt des occaſions
particulieres où elle forcée d'être plus ramaſſée : dans
ces cas il devroit tout détruire. Eh bien, où ſont ces deſ-
tructions ? Citera-t-on encore les Grenadiers de France à
Minden ? Mais quant au lieu de 300 hommes en 3 heures,
cette Troupe en auroit perdu 600 en une, cela ne prouveroit nullement qu'elle en eût perdu 50 en 4 minutes (a).
Cet exemple, d'ailleurs, ne prouveroit rien contre la profondeur en particulier, puiſqu'ils étoient à 3 de hauteur.
Oh! mais, s'ils euſſent été en colonnes, ils auroient perdu
bien davantage ? C'eſt ce que je pourrois nier auſſi facilement qu'on le ſuppoſe. Etablir pour principe ſes idées ſans
preuves, eſt une façon de raiſonner fort commode, mais
qu'on ne nous paſſeroit pas.

Si nous cherchons des exemples de l'effet du Canon ſur
la profondeur, notre façon actuelle de combattre nous en
fournira peu. Il y a pourtant ceux de quelques affaires de
poſtes qui ne ſont pas trop étrangers à la queſtion. Pluſieurs fois, dans l'avant-derniere guerre, on a attaqué
des villages en colonnes par Brigades, à 16 de hauteur ;
par conſéquent puiſque les Bataillons étoient encore ſur
4 rangs, il eſt vrai qu'ils étoient ſéparés l'un de l'autre ; mais
peu importe, puiſqu'ils étoient rapprochés de maniere que
tous étoient également à portée, & même que ſouvent en
arrivant à l'ennemi les derniers Bataillons étoient exactement ſur les talons des premiers. Or, quand on (b) ſuppo-

---

(a) On dira qu'on ne peut pas toujours
aller à la charge. La réponſe eſt ailleurs,
& ſeroit déplacée ici , puiſque mon objet
principal dans cet Ouvrage eſt ſeulement
de prouver que le Canon n'eſt pas fort à
craindre, quand on peut charger. J'ob-
ſerverai de plus, 1°. que , s'il n'eſt point
queſtion de charge , il eſt inutile de ſe tenir à portée d'être décimé par le Canon ;
& que généralement le combat d'armes de
jet ne paroît raiſonnable, qu'autant qu'il

a pour objet de préparer ou empêcher une
charge : 2°. que, dans les cas, plus rares
qu'on ne le ſuppoſe ordinairement , d'être
abſolument réduit au combat d'armes de
jet , les plus zélés partiſans de la Colonne
emploieroient l'ordre de la Mouſqueterie,
& non pas celui de la charge. Dans ces cas
donc , tout le monde ſeroit au pair ; & ils
ne peuvent faire matiere à objection.

(b) Voyez ſur cela ci-après, Extrait 17.

C

feroit que la profondeur de 16 rangs donne moins de prife
au Canon que celle de 24 ou 32, au moins faudroit-il convenir qu'en revanche le front d'un Bataillon en donne bien
plus que celui d'une Pléfion. L'Artillerie n'auroit donc certainement pas auffi beau jeu contre elle qu'elle en eut contre
les Bataillons qui attaquerent Rocoux & Lauffelt. Il ne
paroît pas cependant que dans ces deux occafions elle ait dé-
voré aucune Troupe. A Lauffelt lorfque 3 Brigades firent
la premiere attaque, elles furent faluées par 25 pieces de
15, dont le feu étoit fi vif qu'on ne diftinguoit pas les coups.
Je ne fais pas précifément ce qu'elles perdirent; mais cela
ne fut pas fort confidérable pour le moment, puifque fans
s'arrêter ni broncher le moins du monde, elles arriverent &
en un inftant forcerent le village; de forte que la grande
Batterie fut obligée de reculer. A la vérité, les 3 Brigades
furent renvoyées auffi-tôt après, mais par les forces fupérieures qui les rattaquerent, & non pas par le Canon.

Aime-t-on mieux Fontenoy? La foi-difant Colonne
Angloife, fi elle n'étoit Colonne, n'en étoit que plus en
prife au Canon, puifque c'étoit une maffe de lignes redoublées & rapprochées, compofant en totalité une grande profondeur, & de plus un grand front fans intervalles. Non
feulement pourtant elle ne fut pas détruite en un moment
par l'Artillerie; mais ce qu'elle en effuya de feu ne l'empê-
cha pas de gagner du terrein, le conferver, quoique battue
de trois côtés, & fe maintenir dix fois plus de temps qu'il
ne lui en auroit fallu pour gagner la bataille, s'il y eût eu de
la netteté dans fon ordre, de l'activité dans fa manœuvre,
en un mot, fi c'eût été non pas une Colonne, mais un Corps
de 25 Colonnes, avec les intervalles & accompagnements
néceffaires.

Cette Action a pourtant beaucoup contribué à cette ivreffe
d'Artillerie qui commençoit alors, & n'a fait depuis qu'augmenter. Sur la fin de l'Action, la prétendue Colonne étant
fort avancée, déja en affez mauvais ordre, & à-peu-près
immobile, ayant repouffé plufieurs fauffes charges, mais

étant toute prête à céder à une véritable, un Officier Général de la plus grande diftinction remarqua avec beaucoup de raifon que quatre petites pieces, jufques là inutiles,
feroient mieux employées à la battre de front. On les éta-
blit, & fans doute elles contribuerent à augmenter encore
le défordre, que bientôt une derniere charge convertit en
pleine déroute. Il n'eft pas croyable à quel point ont été
célébrées ces 4 pieces, tant par flatterie, que parceque 12
ou 15 perfonnes prétendirent en avoir eu la premiere idée,
qui, en effet, étoit affez naturelle pour fe préfenter à plufieurs. A entendre la plupart de ceux qui parloient de cette
victoire, & fur-tout l'homme qui en ait le plus parlé, les
4 petits Canons avoient tout fait. Déja dans une autre Action, dont la mémoire étoit toute fraîche, on avoit
beaucoup vanté, non pas ce qu'avoit fait le Canon, mais
ce qu'il auroit pu faire. Or, à force de répéter que 4 petites pieces avoient *gagné* la Bataille de Fontenoy, jufqu'à
ce moment *perdue*, & que l'Artillerie à Ettingen auroit détruit l'Armée Angloife, fi on l'eût laiffé agir, on ne pouvoit
manquer de fe bien remplir de l'idée que le Canon eft une
chofe terrible, principale, décifive pour gagner les batailles, & détruire les armées. Au refte, fa prétention d'Ettingen
peut être très bien fondée, fans rien prouver contre nous.
De nombreufes Batteries, placées avantageufement, battant en écharpe, en flanc, & de revers, une Armée affez
ramaffée, qui ne peut en aucune maniere s'en débarraffer,
marchant à elles, parcequ'elles font couvertes par une
grande riviere, fans doute, fi cette Armée ne prend le parti
de s'en aller, finiront par la détruire : mais il ne s'enfuit pas
de là que le Canon foit fort à craindre pour des Troupes
qu'il bat de front feulement, & qui ne l'effuient que quelques minutes.

Nous venons de remarquer comment deux batailles, que
le Canon n'a pourtant nullement décidées, ont beaucoup
contribué à la trop grande idée qu'on s'eft faite de fes effets.
Nous avions déja remarqué dans le Difcours Préliminaire,

que l'apparition de la Pléfion peut très bien en avoir été auffi une des caufes. On pourroit peut-être en appercevoir encore d'autres : mais quand on n'en verroit aucune, il ne faut droit pas s'en étonner. Les opinions font, comme les habits, fujettes à l'empire de la mode, à qui il ne faut pas toujours demander des raifons. *Tout le monde convient* eft une grande raifon, de laquelle auffi on fait grand ufage. Un de nos Auteurs dit quelque part qu'on avoit au commencement du fiecle la *manie* des Lignes, comme on a aujourd'hui la *manie* du Canon (*a*).

Mais revenons, & rapportons un nouvel exemple de l'effet de l'Artillerie, qui a même plus de rapport encore que les précédents avec le fyftême des Colonnes. A Haftembeck, toute l'Infanterie Françoife, excepté les 4 Brigades qui attaquèrent le bois, étoit raffemblée fur un front très raccourci, & en colonnes par quart de rang de Bataillon, ou, ce qui revient au même, par demi-rang à 6 de hauteur, chaque Brigade formant fa colonne, & les fections très rapprochées. D'où l'on voit que chaque colonne ayant deux fois plus de front & de profondeur que la Pléfion, en un mot étant quatre fois plus forte, donnoit quatre fois plus de prife. Eh bien ! dans cet état elles furent canonnées affez long-temps : combien chacune perdit-elle ? 15, 20, 27 hommes ; une feule plus malheureufe 150 : il eft vrai que notre Artillerie tiroit aux batteries ennemies.

On oppofera à cet exemple qu'à Haftembeck il y avoit moins de Canon qu'on n'en a eu depuis, & qu'on n'en aura dans la fuite. Mais encore une fois ce moins eft trop vague ; & pour comparer exactement cette perte à celles que feroient aujourd'hui des Colonnes allant à la charge, il faut toujours en revenir à ce principe, que les deux pertes feroient entre elles, toutes chofes d'ailleurs égales, en raifon

---

(*a*) L'habile Officier d'Artillerie auquel je répondrai ci-après, a dit lui-même dans les Réflexions qui font à la fuite de fon Ouvrage : « Puiffe cette *manie* de multi- » tiplier le feu bien ou mal à l'envi les » uns des autres, ramener la Tactique à » fes bonnes regles ! Nous y gagne- » rions.

compofée de la quantité de pieces & de la durée de la canonnade. On dira encore... quelque chofe; car il le faut
bien. Mais j'avoue que je ne fais pas le prévoir, & je dis,
moi, que fi dans cette occafion l'Infanterie avoit été traitée
par le Canon, comme l'ont été depuis les Grenadiers de France
à Minden, on feroit fonner bien haut contre la Colonne
cet exemple, que dans ce moment on cherche à écarter.

## X.

Nous avons remarqué qu'à Haftembeck notre Canon tiroit aux Batteries ennemies, & c'eft fans doute ce qui rédui-
fit leur effet à fi peu de chofe. Toutes les fois qu'on va à la
charge on doit en ufer de même pour attirer le feu de l'Artillerie, & l'épargner aux Troupes; ou fi battue par la nôtre
elle s'opiniâtre à tirer fur les Troupes, pour que fon feu foit
moins vif & moins affuré, fon effet diminué des trois quarts.
Cette regle n'eft pas affez généralement connue & fuivie.
Il femble le plus fouvent que l'Artillerie de part & d'autre
foit convenue de s'épargner réciproquement (a) pour fe donner carriere fur les Troupes. L'attaqué fans doute a raifon
d'en ufer ainfi : c'eft l'Infanterie & non pas le Canon de l'Ennemi qui peut le forcer; c'eft donc fur elle de préférence
qu'il faut porter les coups, pour tâcher de l'empêcher d'arriver, ou au moins de lui caufer de la perte & du défordre.
Mais pour l'attaquant, le cas eft fort différent; il n'a pas
befoin pour être fûr de battre fon ennemi de lui tuer du
monde de loin, s'il peut le joindre promptement en bon
ordre, & avec l'avantage d'une difpofition fupérieure pour
le choc. Son objet unique eft donc de diminuer la difficulté
& les frais de l'approche; à quoi il réuffira infailliblement,
s'il étourdit les Batteries ennemies de tout le feu des fiennes,
y joignant même, dès que cela fera poffible, la moufquete-

---

(a) Voyez ci-après, Extrait 31.

rie (*a*) des Troupes deſtinées à favoriſer la charge, & non pas à charger elles-mêmes.

Je ne ſais pourquoi, tandis qu'on s'exagere toujours l'effet du Canon ennemi ſur nos Troupes, il ſemble qu'on veuille ſe diſſimuler celui du nôtre ſur les Batteries ennemies. L'Artillerie, ſi habile à détruire, eſt-elle donc impuiſſante pour protéger? je le demande à elle-même (*b*).

## X I.

Des Colonnes allant à la charge ſont mieux ſoutenues par leur Canon, que ne pourroient l'être des Bataillons à leur place. D'abord il les précede, accompagné de quelques Troupes détachées dans l'ordre de Mouſqueterie. Après s'être ainſi bruſquement porté en avant, il s'arrête & fait feu de pied ferme ſur les Batteries ennemies. Pendant que les Colonnes approchent, il ſerre la meſure pour s'avancer davantage, une fois ou au plus deux, & s'arrête pour agir de pied ferme en avant des Colonnes. Enfin elles le joignent & même le dépaſſent: mais cela ne l'empêche pas de tirer toujours, ſans leur nuire, & ſans qu'elles lui nuiſent, leurs intervalles étant pour lui des niches auſſi ſûres que commodes.

Il n'en eſt pas tout-à-fait de même du Canon qui accompagne les Bataillons: premiérement il ne peut ſe porter en avant ſi hardiment, la ligne qui le ſuit n'étant pas en état de s'y porter elle-même avec la vivacité des Colonnes: il eſt donc obligé de marcher plus lentement & plus continuellement, & de faire un plus grand nombre de ſtations. De plus, s'il eſt devant les Bataillons, il eſt expoſé & leur nuit. S'il eſt derriere (*c*), il eſt maſqué, & ne ſert à rien.

---

(*a*) A la Bataille de Saint-Godard, il y eut un moment où des Batteries placées au bord du Raab furent ſi bien fuſillées à travers cette petite riviere, que les Turcs les abandonnerent.

(*b*) Voyez la Réponſe à l'Extrait 51.

(*c*) Il ſemble extraordinaire de ſuppoſer le Canon derriere les Bataillons, en allant à l'ennemi; mais j'ai dans ce moment ſous les yeux un Mémoire ſur les grandes ma-

S'il eſt dans des intervalles, il nuit à la diſpoſition, ces intervalles alongeant la ligne déja trop alongée, & d'ailleurs découvrant les flancs des Bataillons, par conſéquent devenant dangereux au moment où l'on aborde l'ennemi. Les Bataillons ne trouvent pas moins de difficulté à placer leur Canon, étant attaqués, que lorſqu'ils ſont attaquans. S'ils le mettent en avant, il les maſque, & de plus eſt expoſé de maniere qu'il ſera obligé de ſe retirer au moment où il feroit le plus d'effet. S'ils le placent en arriere ſur quelque hauteur qui s'y trouvera heureuſement, outre que ſon feu ſera fichant, il ſera encore maſqué lorſque l'ennemi s'approchera, plutôt ou plus tard, ſelon l'élévation de la hauteur. Si enfin il eſt dans des intervalles, il affoiblit l'ordre comme nous l'avons déja remarqué, & ſera encore obligé de ſe retirer à l'inſtant où on en auroit le plus de beſoin. On n'entre pas aſſez dans tous ces détails, quand on parle de l'effet du Canon ſur une Troupe allant à la charge: mais pour être négligés dans la diſſertation, ils ne ſe retrouvent pas moins dans l'occaſion. Auſſi cet effet n'eſt-il pas ſi grand que ſa renommée.

## X I I.

Un Bataillon à 6 de hauteur, ayant une file emportée, perd le double de ce que perdroit d'un pareil coup un Bataillon ſur 3 rangs: mais ce dernier, dont le front eſt double, reçoit auſſi deux coups quand l'autre en reçoit un. Encore faut-il convenir que tel coup emporte la file de 3 hommes, qui n'emporteroit pas le 6e, ni même le 4e.

Ce que nous venons de dire que le Bataillon de front double reçoit deux coups pour un, n'eſt pas exactement vrai,

---

nœuvres, fait de bonne main même, qui dit, que les lignes étant formées, l'Artillerie doit ſe porter par les intervalles en avant des Bataillons; » à moins » que le Général voulant marcher à l'En- » nemi, &, pour cet effet, ne pas embar- » raſſer ſon front, ne fît marcher l'Artil- » lerie derriere les lignes «. Voilà ce que c'eſt que d'avoir un front qui s'embarraſſe ſi aiſément. Et l'on peut juger de là ſi les Bataillons, allant à la charge, ſont ſoutenus par leur Canon, comme le feroient des Pléſions à leur place.

fi on fuppofe des Bataillons ifolés fervant de butte à une batterie qui pointera fur leurs fronts plus ou moins étendus ; mais n'en eft pas moins inconteftable, fi ces Bataillons
font partie de lignes canonnées. Suppofons en effet une
ligne de 12 Bataillons, dont feulement 4 à 6 de hauteur,
ce qui fait en totalité l'étendue de 10 à 3 : il eft bien clair
que chacun des Bataillons fur 3 rangs a pour fa part la dixieme
partie des coups portant fur cette ligne, & que chacun de
ceux qui font fur 6 en reçoit feulement la vingtieme.

Lorfque deux Bataillons à 3 de hauteur font l'un derriere
l'autre, à 30 pas plus ou moins, les coups qui frappent le
fecond, ayant paffé fur la tête du premier, ne frapperoient
rien fi les deux étoient enfemble à 6 de hauteur.

Cette douzieme obfervation n'eft qu'un prélude de la
fuivante, qui au befoin difpenferoit de toutes les autres, &
à laquelle j'ofe bien dire que *perfonne ne répondra*. Elle a déja
été imprimée quelque part, du moins fa partie principale.

## X I I I.

Toutes les fois que 4 mille hommes marcheront à découvert fous le feu du Canon, tenant en totalité un front de
250 toifes, fuppofé, ils perdront précifément ce que perdroit en temps égal & mêmes circonftances, une autre
Troupe de même force, tenant en totalité le même front,
n'importe dans quel autre ordre.

Car chaque homme a toujours fa part du danger en raifon de l'efpace qu'il occupe fur le terrein balayé du Canon ;
& le danger général n'eft autre chofe que la fomme des
dangers particuliers. Une ordonnance eft donc plus ou
moins expofée au Canon, felon qu'elle eft, à front égal, plus
ou moins *nombreufe ;* voilà tout. Une ligne de 250 toifes à 6 de
hauteur doit perdre le double de ce qu'elle perdroit à 3, &
ne doit perdre ni plus ni moins que deux lignes à 3, les fuppofant toutes deux également à portée. La perte d'une ligne
de Pléfions, avec des intervalles doubles de leurs fronts mafqués

qués, puis remplis de Grenadiers & Chaffeurs, fera plus forte (a) dans ce même rapport du nombre. Mais n'allons pas trop vîte fur les conféquences.

L'objet d'une difpofition n'eft pas le Canon, mais la victoire. Il eft évident, & généralement reconnu, que le plus fûr moyen d'y parvenir, c'eft de faire agir dans la partie où elle fe décide, des forces fupérieures à celles qu'y peut & fait faire agir l'ennemi. Cette fupériorité eft le but, non pas feulement de l'ordre oblique, mais de toute bonne difpofi-tion ; c'eft prefque tout l'art du Général dans le combat: mais employer dans cette partie des forces fupérieures, c'eft y expofer plus de monde au Canon. La meilleure difpofi-tion eft donc celle qui lui donne le plus de prife. Il faut prendre fon parti là-deffus, cherchant d'ailleurs les moyens d'en diminuer l'effet, & fur-tout abrégeant la procédure pour l'effuyer moins long-temps. S'il vaut mieux oppofer moins de forces à l'ennemi, que d'expofer tant de monde au Canon, & par cette raifon être à 3 de hauteur qu'à 6, à 6 de hauteur qu'en colonnes ; par la même raifon, il vaudroit encore mieux être fur deux rangs (b), & même fur un feul: & je défie qu'on oppofe à cette conféquence abfurde rien que nous ne puiffions également oppofer à celle qu'on tire contre nous du même principe, à cette crainte du Canon tant objectée à la profondeur.

En vain on prétendroit que le danger pour les Colonnes eft plus grand que pour les Bataillons, puifqu'elles ont plus d'hommes fur les prolongements des tirs des Batteries. Si les forces font égales de part & d'autre, il n'y a pas fur ces pro-

---

(a) C'eft-à-dire plus forte en totalité, égale pour chaque troupe en particulier. Si 4 Bataillons à 3 de hauteur perdent 60 hommes, 10 tenant le même front, & effuyant les mêmes coups, en perdront 150; mais c'eft toujours 15 hommes par Bataillon.

(b) La pente y eft, & bientôt on y vien-droit, fi le torrent de la prévention n'é-toit un peu retardé par la réfiftance de

ceux qui, jufqu'à préfent, ont échappé à la contagion. On dit qu'il a été queftion déja chez les Autrichiens de fe mettre fur deux rangs, & que, fans le Maréchal de Laudon, cela paffoit. Pourquoi non ? Cette idée doit nous paroître aujourd'hui bien moins étrange que ne l'eût été pour Turenne & Condé celle de trois rangs ; & après tout, de 3 à 2 il n'y a pas fi loin que de 8 à 3.

D

longemens plus de monde d'un côté que de l'autre, puisque tout le monde y est. Il ne peut y avoir dans les Colonnes plus d'hommes sur le prolongement de tel tir, que parceque sur celui de tel autre il y en a moins, ou point du tout.
Ne nous ennuyons pas d'éclaircir ce point ; mais comme
ceci devient démonstration géométrique, je demande au
Lecteur un moment de toute son attention.

Si on suppose deux lignes de même force & de même
étendue, essuyant le même nombre de coups, le nombre
de ceux qui porteront à hauteur d'homme parallèlement au
terrein, sera égal de part & d'autre. Et à ces coups rasants
peuvent se réduire tous les autres, dont le nombre de part
& d'autre est encore égal, & qui, plus ou moins fichants,
ont un effet moins ou plus approchant des rasants dans un
rapport quelconque. Mais l'effet des coups rasants, auxquels sans doute on ne refusera pas de rapporter tous les autres, est évidemment en raison composée de leur nombre & de
la hauteur moyenne (a) des files emportées. Donc, leur nombre étant égal, l'effet est absolument égal, si la hauteur
moyenne des files l'est aussi. Mais elle l'est visiblement,
puisque le nombre d'hommes, qui, par l'hypothese, est égal
de part & d'autre, est le produit de cette hauteur moyenne,
multipliée par les longueurs égales des deux lignes.

Si à présent nous supposons que la ligne des Colonnes
présente 6000 hommes dans la même étendue où la ligne
de Bataillons n'en présente que 2000, la hauteur moyenne
de la premiere étant triple, l'effet du Canon sur elle sera
triple aussi, ni plus ni moins, supposant toujours le même
nombre de coups, & toutes les circonstances égales de
part & d'autre.

## X I V.

On ne peut méconnoître cette démonstration qu'en vou-

(a) Il y auroit ici en faveur des Colonnes une forte réduction à faire, & de
laquelle il résulteroit que pour elles la
perte ne suit pas à beaucoup près la proportion de la hauteur moyenne des files.
Voyez ci-après Extraits 17 & 27.

lant laiffer là le front total d'une partie de ligne, pour confidérer le front particulier d'une Colonne, & fuppofer que le Canon ne tirera pas indiftinctement fur la ligne, mais portera précifément fur ces fronts de Colonnes. La fuppofition feroit jufte à certain point fi elles fe préfentoient immobiles, découvertes, & ifolées. Alors il tomberoit fur elles bien plus de coups à proportion qu'il ne s'en perdroit dans les intervalles, & d'autant plus que leurs fronts feroient plus étendus, & plus faciles à ne pas manquer. Trente mille hommes en trois quarrés pleins comme ceux des Egyptiens à Thimbrée, tenant tant pour eux que pour leurs intervalles le même front que trente mille hommes fur 2 ou 3 lignes à 3 de hauteur, perdroient fans doute bien davantage. Mais ici le cas eft fort différent. Les Pléfions tenant dans la ligne chacune 25 ou 30 toifes, & fouvent moins, partagées entre leurs fronts, & celui de leurs Grenadiers & Chaffeurs (a) en 2 ou 4 Troupes, avec 3 ou 5 petits intervalles, dans quelques-uns defquels il y a du Canon, il eft vifible que tout cela forme un front à-peu-près contigu, fur lequel le Canon ennemi tire au hafard. Encore les Pléfions ne font-elles ainfi découvertes qu'un inftant, très près de l'ennemi, étant dans un mouvement très rapide, & le Canon ennemi étant battu par leur Canon & Moufqueterie. Lorfqu'elles font un peu plus éloignées, leurs Grenadiers, Chaffeurs, & leur Canon, ne font point feulement dans leurs intervalles, mais en avant, formant une ligne qui les mafque. Comment veut-on que l'ennemi à travers ce mafque pointe bien jufte fur les petits fronts de Colonnes? Peut-on croire même que fon Canon s'occupera d'elles encore éloignées, pendant qu'il effuiera le feu de cette premiere ligne de Canon & Moufqueterie? Cette préférence du Canon pour les Pléfions en pareil cas eft un être de raifon; & je fuis bien fûr que les gens éclairés qui tiennent encore à cette objection, en reviendront

---

(a) Ipfa intervalla expeditis militibus adimplevit, ne interluceret acies.

dès qu'ils voudront bien laisser là les idées vagues de profondeur, de phalanges, de Colonnes de Folard, pour se
représenter la Plésion chargeant à sa maniere, ou au moins
des Bataillons en Colonnes, chargeant exactement à la maniere des Plésions.

## X V.

Mais, dira-t-on, il s'ensuivroit de votre principe, de
l'effet du Canon proportionnel au nombre des Troupes
canonnées, que 4 mille hommes épars dans une plaine
perdront autant que s'ils étoient en Colonnes. Oui, pourvu
qu'ils soient tous également à portée, & qu'ils ne soient
pas éparpillés sur un front en totalité plus étendu que celui de la ligne de Colonnes. Par exemple, si la plaine est
de 250 toises, les 4 mille éparpillés, ayant la même
épaisseur moyenne que la ligne supposée au commencement de la XIIIᵉ Observation, perdront tout autant. Et cela
ne doit point étonner; car dans cette hypothese les quilles
seront bien rapprochées. Mais on fait éparpiller les Troupes
légeres lorsqu'elles sont en butte au Canon? On a raison.
Deux Escadrons de Hussards tenoient 50 toises; on les dis-
perse sur un front de 200 : alors le Canon ne se réunit plus
sur 50; l'épaisseur moyenne est diminuée des trois quarts,
& son effet en proportion.

## X V I.

Nous avons observé que le Canon ennemi essuyant le
feu du nôtre, & même la Mousqueterie des Grenadiers &
Chasseurs, ne peut bien ajuster des petits fronts de Colonnes
en mouvement, & masqués jusqu'à ce qu'ils soient très près
de l'ennemi. Il faut de plus remarquer que les Plésions, leur
ligne masquante, & la ligne ennemie, n'ont que trois ma-
nieres d'être placées : ou tout cela se trouve dans le même
plan, horizontal ou incliné, n'importe; ou les Plésions sont
au-dessous du plan des deux autres, ou elles sont au-dessus.
Dans le premier cas, les coups tirés sur la ligne masquante

peuvent bien porter fur les Pléfions, mais bien au hafard, puifque l'ennemi les entrevoit à peine à travers de petits intervalles qui ne lui permettroient guere de pointer fur elles quand le tout feroit en repos. Dans le fecond cas, il ne peut abfolument même les entrevoir, & de plus tous les coups tirés fur cette premiere ligne leur paffent par-deffus la tête. Dans le dernier cas enfin, l'ennemi les voit par-deffus la tête, & à travers la fumée des Grenadiers & Chaffeurs, & du Canon. Mais de tous les coups tirés fur cette premiere ligne pas un ne porte fur elle. Et je ne penfe pas qu'aucune puiffance humaine obtienne du Canon plus que de la Moufqueterie, de s'attacher à une feconde ligne encore éloignée, & ne faifant actuellement d'autre mal que de s'approcher, au lieu de répondre à une premiere de Canon & Moufqueterie, qui fait de près un feu très incommode. Quand on l'obtiendroit, au moins en pareille circonftance le Canon feroit mal fervi & mal pointé (a).

## X V I I.

Quand on parle de l'effet du Canon, on fuppofe toujours unie, pour fa plus grande commodité, la furface fur laquelle marchent les Troupes canonnées. Mais fi le terrein eft ondé, comme le font plus ou moins la plupart des plaines, dans chacun des trois cas que nous venons de voir, l'effet de l'Artillerie fera encore beaucoup moindre : pour s'en convaincre, il ne faut que fe repréfenter le profil, & deffiner ou calculer; on verra que cette ondulation dérobe à chaque inftant les Troupes au Canon en tout ou partie; & les y dérobe encore bien plus qu'il ne paroît d'abord, fi, comme de raifon, on leur fait paffer rapidement les crêtes, & reprendre haleine dans les plis.

---

(a) » Un feul mal-adroit dans une ma- » nœuvre rend inutile l'adreffe des autres, » parcequ'il en trouble l'harmonie «, dit l'Auteur déja cité à la troifieme Obferva- tion. Or la fenfation d'un pareil danger fera des mal-adroits. Les tués & bleffés troubleront encore plus l'harmonie.

## XVIII.

Nous avons vu que la Pléſion, en mêmes temps & cir-
conſtances, ne doit pas perdre par le Canon plus que le Bataillon de même force; & qu'il y a même des raiſons pour
qu'elle perde moins. Mais quand nous voudrions bien ſuppoſer qu'elle perdra quatre fois autant dans le peu de temps
néceſſaire pour joindre l'Ennemi, ce ſeroit encore fort peu
de choſe. Seroit-ce pour chacune 4 hommes par minute?
( Voyez l'Obſervation IV. ) Combien de minutes y ſera-t-elle
expoſée? Y ſera-t-elle expoſée à viſage découvert ſeulement
une minute entiere?

Mais les frais de l'approche fuſſent-ils plus grands, ſeroit-
ce trop acheter la certitude & la promptitude de la victoire? Ne vaudroit-il pas mieux perdre en trois minutes 50
hommes par le Canon, que de perdre en deux heures quatre
fois autant par le Canon & la Mouſqueterie, & peut-être
à la fin perdre encore la bataille? N'oublions pas le principe remarqué ci-deſſus : Ce n'eſt pas le Canon, c'eſt la victoire qui eſt notre objet. Si nous nous occupons de l'acceſſoire au point de le comparer au principal, nous finirons par
prendre le ſyſtême des Iroquois, qui ne peuvent aſſez s'étonner de nous voir rangés comme tout exprès pour que tous
les coups de l'Ennemi portent ſans qu'il s'en perde un ſeul.
Car enfin ſi quelque diſpoſition y eſt moins en priſe qu'une
autre, c'eſt ſans doute leur éparpillement. On leur objecte
à la vérité que dans cet état ils ne peuvent ſoutenir le choc
de cet ordre d'Europe qu'ils mépriſent tant. Mais le Bataillon
ſoutiendroit-il donc beaucoup mieux celui de la Colonne?
Perſonne que je ſache n'a encore oſé le dire.

## XIX.

La Colonne ordre *habituel?* Sur ce mot on la voit toujours formée & ſerrée, même pour reſter en panne, eſſuyant
le feu à découvert. Mais encore une fois, quoique ce ſoit

l'ordre habituel, *jamais* Pléfion ne feroit *formée & à portée*, finon pour *charger à l'inftant :* en *toute* occafion d'être réduite au combat de Moufqueterie, par conféquent d'*effuyer quelque temps* le feu du Canon à bonne portée, elle feroit développée. Mais, dira-t-on, ce n'eft donc plus votre ordre habituel ? Queftion de nom fort inutile à traiter ici. Il a été affez expliqué, & on peut entendre facilement dans quel fens la Colonne eft l'ordre habituel de ce fyftême.

## X X.

Quoique la perte ne doive pas être plus grande pour les Pléfions que pour les Bataillons, le hafard peut faire qu'il tombe fur la même prefque en même temps plufieurs coups, qui, tandis que les autres perdront peu ou point, peuvent lui faire manquer fa charge. Pour ce point, j'en demeure d'accord. Mais qui a jamais imaginé d'éviter abfolument & entiérement la poffibilité de tout accident ? Voilà le feul qui pour nous ne foit pas exactement impoffible, & il ne l'eft pas plus pour le Bataillon : car fi fur fon grand front, qui y donne belle prife, il tomboit en même temps plufieurs boulets en écharpant, il feroit mauvaife contenance. Mais combien d'autres accidents a-t-il à craindre, fur-tout s'il a affaire à des Pléfions ? De tous les événements imaginables, il n'en eft qu'un bien impoffible, c'eft qu'il puiffe tenir un moment. Au refte, quand l'accident que nous venons de prévoir arriveroit à une Pléfion, cela n'empêcheroit nullement les autres de réuffir : elles font indépendantes, & leur ligne refteroit toujours plus forte qu'il ne faudroit pour des Bataillons. Mais cela a été ailleurs plus que fuffifamment prouvé.

## X X I.

On peut faire encore, en faveur du Canon en général, une obfervation très jufte ; c'eft que, quoiqu'il foit moins formidable qu'on ne le fuppofe ordinairement, il l'eft au moins affez pour que les Armées poftées foient beaucoup plus difficiles à attaquer, qu'elles ne l'étoient avant qu'il fe fût fi fort multiplié. D'où il réfulte que fouvent pour en fouffrir moins, il feroit fort à propos de faire de nuit les difpofitions & les approches, pour attaquer à la pointe du jour.

Mais c'eft une raifon de plus en faveur des Colonnes, qui, par la petiteffe du front, la grandeur relative des intervalles, la netteté de l'ordre, l'aptitude à tous les mouvements, font beaucoup plus commodes pour des manœuvres de nuit, que les Bataillons fi difficiles à manier même en plein jour.

*Fin des Obfervations fur le Canon.*

**EXTRAITS**

# EXTRAITS

*Sur l'usage de l'Artillerie.*

## I.

UN défaut commun à presque tous les Militaires qui proposent avec confiance, ou prescrivent quelquefois avec hauteur des regles de Tactique,

# RÉPONSES.

LA confiance & la hauteur ne font pas dans les Tacticiens, mais dans la Tactique, comme dans la Méchanique, & dans toute autre Science Géométrique. L'évidence a nécessairement le ton un peu décidé : & nous verrons l'Auteur qui nous fait ce reproche, parler avec plus de hauteur que moi-même de la supériorité de la Pléfion fur le Bataillon : car enfin fi j'argumente contre ceux qui pourroient la méconnoître, c'est au moins fans leur refufer *le fens* commun.

Nous aurons fans doute quelque jour des Eléments de Tactique, où l'on trouvera les axiomes de cette Science, fes théorèmes, leurs corollaires ; fi dans fes démonftrations l'Auteur s'avife de prendre le ton timide, je le tiens d'avance pour un grimacier. Mais quoique le projet de la Tactique n'eût pas tout-à-fait le même objet, & nullement la même forme, j'aurois été tout auffi ridicule s'il m'eût *femblé* que la Pléfion doit renverfer le Bataillon, fi j'euffe *foupçonné* qu'on pourra toujours à un feul en oppofer deux ou trois, fi j'euffe

E

*conjecturé* que l'oblique par un mouvement simple & direct seroit infiniment préférable à celui qui se fait par conversion , si j'eusse *hasardé* d'employer le perpendiculaire aussibien que l'oblique , &c.

C'est de montrer la partialité la plus marquée pour l'espece de service à laquelle ils se sont voués. . . . . Ils ne parlent point de Canon dans leurs Ouvrages, ou n'en parlent que superficiellement.

C'est sans partialité que , dans un Ouvrage qui n'étoit point fait pour l'Artillerie , & dans lequel je n'avois rien de neuf à en dire , je n'en ai parlé que légérement & par occasion, comme l'Auteur de l'Essai a parlé de l'Infanterie. Voulant seulement prouver l'avantage de l'ordonnance que je proposois , contre celle qu'elle auroit aujourd'hui à combattre , j'ai dû supposer tout le reste égal de part & d'autre ; faire abstraction de l'Artillerie , comme de la Cavalerie ou des Dragons ; ou du moins ne parler de ces différentes armes qu'autant que pouvoit l'exiger la comparaison du Bataillon & de la Plésion.

Au reste je suis fort éloigné de blâmer la partialité pour l'Artillerie qui nous reproche de n'être pas assez occupés d'elle. ( *Voy.* l'Obs. V. )

**2.**

On doit être bien plus surpris d'entendre dire à quelques-uns qu'ils le négligent , parceque ses effets sont peu à craindre pour des Troupes qui marchent à l'ennemi, & qu'ils n'ont pas en vue l'inaction , mais le mouvement.

Et moi je suis bien plus surpris qu'on ne veuille pas entendre que l'effet du Canon, toutes choses d'ailleurs égales , est proportionnel à la quantité de coups, par conséquent à la durée de la canonnade ; qu'il ne fera donc en trois minutes que la vingtieme partie de ce qu'il feroit en une heure ; & qu'on ne peut prétendre qu'en ces trois minutes il décimera telle Troupe, à moins que l'on ne suppose qu'il ne lui en faudroit pas plus de trente pour l'anéantir.

C'est-à-dire du *Projet d'un Ordre François en Tactique :* car il faut appeller chaque chose par son nom.

Tel est en particulier le sentiment de M. Folard, de l'Auteur de la Nouvelle Tactique Françoise, son éleve,

Et de quelques autres qui ne travaillent ou ne parlent que d'après eux. . . . . .

La plupart de ces autres-là n'en disoient rien, ni moi non plus. Et je sais gré à notre Auteur de cette remarque.

Les réponses de ces deux Auteurs à la même objection contre leur systême . . . comprennent ce qui peut se dire de plus spécieux au désavantage du Canon dans les combats. . . . . .

J'ai cru qu'il y avoit encore beaucoup à y ajouter ; & c'est ce qui me fait donner aujourd'hui ce petit Ouvrage. Mais comme je crois à présent qu'il doit suffire, je n'y ajouterai plus rien, ni ne répondrai aux répliques qu'on pourroit faire, du moins jusqu'à ce que j'en aie quelque occasion, que je ne prévois pas très prochaine.

### 3.

Le Canon n'est redoutable que contre des Troupes sans action. . . . . C'est déja beaucoup de pouvoir passer par les armes des corps immobiles.... de rompre vîte & sans perte un gros corps qui couteroit bien du temps & des hommes à attaquer l'épée à la main. Témoins les Suisses à la Bataille d'Ivri, & les vieilles Bandes Espagnoles à celle de Rocroi.

Certainement c'est beaucoup : mais qui a jamais prétendu que l'Artillerie fût inutile? Avant de nous quitter, je lui accorderai bien autre chose. C'est précisément pour enlever à l'Artillerie ennemie la grande partie de son utilité, que nous voulons aller promptement à la charge, & finir l'affaire en un moment.

Au reste, quoique l'inaction du Bataillon quarré le livre cruellement

à l'Artillerie, & qu'avec du temps
elle fût feule très capable de le détruire, ce n'eft pas chofe qu'elle
puiffe faire très vîte ; auffi cela n'eft-
il jamais arrivé. En même temps
qu'on a fait approcher & agir le Canon, on a fait auffi avancer des Troupes; & tantôt, comme à Rocroi, elles
ont pris part à la fête; d'autres fois le
quarré, fe voyant coupé & hors d'é-
tat de fe faire jour, a mis bas les armes, comme il arriva à Thimbrée,
quoique Cyrus n'eût pas du Canon.
Ailleurs, comme à Fleurus, le quarré
voulant effayer de faire retraite, aux
premiers pas a été chargé & haché.

#### 4.

Mais eft-il vrai que l'Artillerie ne foit point redoutable
à des Colonnes, par exemple,
qui fe mouvroient avec vîteffe ?

Soient deux Armées A, B,
féparées feulement de 200 toifes. La première, qui eft fur
la défenfive, occupe en avant
de fa droite un pofte C, très
favorable aux difpofitions de
l'Artillerie. . . . . . .
L'Armée B détache pour l'attaquer trois Colonnes d'environ 700 hommes chacune......
Suppofons la batterie forte de
16 pieces de 8, fervies par de
bons Canonniers, &c.

Souvent on nous canonne en place
où nous ne fommes pas. Tantôt on
fuppofe une Pléfion découverte &
immobile, fervant de but à une batterie. Ici on en fuppofe trois marchant de loin entiérement à découvert fur le front de 16 bonnes pieces.
Franchement je n'ai nulle envie de
les y mener ; & à moins que le terrein ne favorife l'approche, ou que
cette batterie ne foit en même temps
fort tourmentée par quelqu'une des
nôtres, je ne difconviens point que
l'opération ne fût très difficile. Mais
jufqu'à ce que le Canon foit multiplié au point d'en avoir 15 pieces
par Bataillon, tout le front de la
ligne ennemie ne fera pas ainfi rem-
paté d'Artillerie : & dans les parties
où il fera tellement entaffé, nous

laiſſerons du Canon pour lui répondre, & quelques Troupes pour le
ſoutenir, portant de préférence nos
efforts ſur les parties collatérales, où
les Pléſions auront moins de feu à
eſſuyer, & que ſans beaucoup de
perte elles aborderont & renverſe-
ront; d'où il arrivera pour l'ordinaire, & ſur-tout dans le cas ſuppoſé
par notre Auteur, & clairement ex-
primé par la Planche qu'il a donnée,
que ſa grande batterie ſera priſe, ſi
elle ne s'eſt retirée de bonne heure.

Mais, dira-t-on, pouvez vous
éviter d'aller donner de front ſur
une batterie qui ſe démaſque à 250
toiſes? Pouvez-vous eſcamoter les
Troupes qu'elle a en tête, ou retarder cette partie de ligne, ſans
arrêter le reſte, ou rompre votre ordre de bataille? .Oui, tout cela eſt
fort aiſé. A cette diſtance, ſans rien
retarder, on peut eſcamoter une
partie de ligne de 500 toiſes, paſ-
ſant à droite & à gauche du parallele
au perpendiculaire. Ce ſera bien un
changement dans l'ordre, mais ſans
inconvénient, puiſque chaque flanc
de la trouée pratiquée par cette
manœuvre ſera fortifié d'une Colonne de Pléſions. Il faudroit ici une
Planche: mais ces détails appar-
tiennent à des Eléments de Tactique.

Mais au moins la batterie ſera
grand effet, battant en écharpe ces

deux Colonnes, ainſi que les parties de ligne qui continuent de marcher & dont elles couvrent les flancs ? Sans doûte elle tirera : mais ce ne ſera pas un feu qu'on ne puiſſe un moment ſupporter ſans beaucoup de perte, la diſtance étant aſſez grande pour qu'il ne ſoit pas des plus aſſu-rés. ( *Voyez* Extrait XXVII, & la Réponſe à l'Extrait XXX.)

La Batterie des Ennemis à Law-felt, placée à-peu-près de même par rapport à notre attaque, mais plus près, plus forte que celle dont nous parlons, n'ayant point d'autres Troupes en tête, n'étant pas elle-même battüe du Canon, n'empê-cha en aucune maniere le ſuccès de cette attaque, par elle-même très difficile. ( *Voyez* l'Obſervation IX.)

Elles ſont toutes formées : ſe met-tre en mouvement, parcourir, raſ-ſembler, ſont en trois mots une ſeule affaire, parcourir 150 toiſes : & le temps néceſſaire n'eſt ni 7 minutes, ni 6, ni 4. Je n'irai pas plus loin, du moins ſur le papier.

On ſe contentera, pour le mo-ment, de renvoyer ces calculs à l'Ob-ſervation IV ; & d'ajouter que ſi l'effet réel approchoit tant ſoit peu du fracas calculé, l'Infanterie qui tous les jours eſſuie du Canon bien plus de 5 minutes, ſeroit tous les jours anéantie. Elle ne l'eſſuie pas, dira-t-on, en circonſtance ſi avanta-

Les trois Colonnes ne peu-vent ſe former, recevoir l'or-dre de marcher, ſe mettre tout-à-fait en mouvement, par-courir 150 toiſes, & ſe raſ-ſembler pour le choc en moins de 6 à 7 minutes.

Chaque piece tirera facile-ment un coup par 12 ſecondes, ce qui fait entre les 16 pieces 80 coups par minute, & en 6 minutes 480 coups. . . . Cha-que Colonne eſſuiera donc 160 coups, dont les 12 derniers vomiront à bout portant 1728 balles. . . . . Les deux tiers des boulets mettront au moins hors de combat chacun 5 ou 6 hommes. . . . . Les huit derniers coups acheveront d'y faire un défordre inexprimable. D'où je puis conclure que des 2 mille cent hommes, il n'en refteroit pas le quart en état de combattre. . . . Or, *cela une fois établi*, que tout homme non prévenu décide fi ce feu n'eft pas redoutable, fi ce n'eft qu'un feu de paffage, s'il eft bien aifé de fe délivrer d'une Artillerie placée avantageufement... fi les trois Colonnes ne feroient pas rompues avant d'en venir aux mains.

§.

Mais, dira-t-on, le feu des Colonnes aura bientôt détruit les Canonniers.

geufe pour lui. Soit : mais au moins l'effet feroit à celui-ci en raifon compofée de la différence de la durée & de la différence d'avantage.

Il faut remarquer d'ailleurs que fi au lieu de marcher en colonnes, l'Infanterie étoit à 6 de hauteur, ou à 3 fur deux lignes rapprochées, il feroit également poffible que chaque coup mît hors de combat 5 ou 6 hommes. Ainfi le calcul que nous venons de voir ne menace pas moins le Bataillon que la Pléfion.

On ne dira cela dans aucun cas : mais dans celui où trois Colonnes chargeront, non pas 16 pieces de Canon, mais de l'Infanterie accompagnée de quelques pieces, ou protégée par quelque Batterie à portée, on dira que le feu des Batteries établies pour favorifer l'attaque, celui du petit Canon qui les accompagne, celui de leurs Grenadiers & Chaffeurs, s'il ne détruit les Canonniers ennemis, au moins en tuera quelques-uns, & fera quelque fenfation aux autres ; par ce moyen s'il ne fait taire leur Canon, au moins en rendra le feu peu à craindre pour des

RÉPONSES.

Troupes qui n'ont à l'essuyer, qu'un moment. Mais écoutons notre Auteur lui-même. » Un moyen bien » simple, dit-il ailleurs, d'en impo- » ser ou de suppléer aux petites pie- » ces d'Infanterie, peut se trouver » dans l'Infanterie même. Il ne faut » que mettre dans chaque compa- » gnie 5 ou 6 excellents Tireurs.... » qui marcheroient au combat, quel- » quefois 150 pas en avant de la li- » gne, quelquefois dans les interval- » les, avec ordre de diriger leur feu » meurtrier contre les Canonniers » employés au service des petites » pieces des Bataillons ennemis.... » Ils réduiront bien vîte *au silence* » deux petites pieces qu'ils attaque- » ront par des coups réunis, & dont » ils auront peu à craindre.... Con- » tre les Troupes mêmes des Enne- » mis.... leur feu sera plus terrible » que celui des deux petits Canons, » fussent-ils chargés à cartouches «.

Voilà précisément la manœuvre & l'effet des Chasseurs des Plésions : & ce morceau très conforme à ce que nous avons toujours dit sur cette matiere, semble sur-tout calqué sur le Mémoire dont j'ai parlé dans la huitieme Observation, & que je ne peux donner au Public. Il est vrai que ce n'est que les petites pieces que notre Auteur prétend faire taire par le feu des Chasseurs : mais c'est bien quelque chose déja. Et il s'en

Quan

suit apparemment que ce moyen joint aux autres, s'il ne fait taire aussi les bonnes pieces, tout au moins en diminuera beaucoup l'effet ; ce qui est tout ce que je prétends : car le Canonnier qui sert une piece courte n'est pas plus aisé à tuer ou effrayer, que celui qui en sert une longue.

Quant aux pieces que l'on fait courir avec des Colonnes, je prie quiconque a vu la guerre avec de bons yeux, & qui sait mettre la différence nécessaire entre un exercice & un combat, de nous dire si, dans ce moment de vivacité, il les croit propres à un effet tant soit peu considérable ; s'il est même possible de les faire tirer vîte & avec justesse en marchant ; si elles sont fort en sureté ; s'il n'est point dangereux qu'elles ne nuisent à leurs propres conducteurs.

Ce n'est point en marchant que nous prétendons faire tirer le Canon des Plésions. ( *Voyez* Observation II.) Il ne courroit pas beaucoup de risque, quand l'Ennemi s'abandonneroit sur lui ; & c'est ce que nous desirons le plus ; car il se priveroit de son feu, abrégeroit notre marche, & se livreroit de lui-même à l'effet de notre charge. Le Canon ne nuit point aux Grenadiers & Chasseurs, dont la ligne n'est pas si pleine qu'il n'y ait place pour lui : lorsque les Plésions la joignent, puis, en arrivant à l'ennemi, la dépassent, il ne nuit pas davantage ; & lors même qu'elles marchent trois contre un seul Bataillon, il trouve dans leurs intervalles plus de place qu'il ne lui en faut.

Dans tout ceci je parle principalement des petites pieces des Régiments. Quant aux bonnes Batteries, qui se placeront aux flancs de nos attaques principales, il est encore plus visible qu'elles ne nuisent point, ni ne sont masquées ; & que ces atta-

F

ques les dépaſſant au moment de joindre l'Ennemi, ces Batteries ne courroient pas beaucoup de riſque, quand il n'y auroit pas toujours quelque Troupe deſtinée uniquement à les ſoutenir.

#### 6.

Au ſurplus, leur effet fût-il auſſi important que le dit l'Auteur des Pléſions, que pourroit-il conclure ? Que l'Artillerie influe beaucoup dans une bataille ; qu'il faut par conſéquent méditer ſur ſon meilleur uſage, & en parler dans les livres de guerre à tout autre deſſein que d'en diminuer les avantages, ou du moins ſans ſe contredire en élevant d'un côté ce que l'on rabaiſſe de l'autre.

On voit ici que notre Auteur n'eſt pas content de moi : & dans cette circonſtance je dois être d'autant plus ſenſible à l'honnêteté de ſa critique. Au reſte il y a entre nous du mal entendu ; & il ne me rend pas juſtice, quand il me ſuppoſe le deſſein de rabaiſſer l'Artillerie : j'ai ſeulement celui d'empêcher qu'on ne lui attribue trop ; & en cela je ſuis d'accord avec lui-même. ( *Voyez* ci-après Extrait XXVI. ) J'avoue encore que je cherche à diminuer les avantages de l'Artillerie ennemie, diminuant la durée des combats ; & nous ſommes encore en cela de même avis. *Malheureuſement pour notre Nation les combats ſe bornent à faire grand feu de part & d'autre.* Si cette phraſe du Manuſcrit ne ſe retrouve plus dans ſon Livre, il s'y en trouve aſſez d'autres qui m'aſſurent que ſur ce point cet habile Officier n'a pas changé d'opinion.

Je ne nie point que l'Artillerie influe dans les combats : mais je penſe que cette influence, très grande dans celui qui ſe prolonge, & où elle a tout le temps d'agir à ſon aiſe, eſt très petite dans celui qui fe décide dans quelques minutes : car je ne peux perdre de vue ce principe, que l'effet quelconque du Canon eft toujours proportionnel au nombre de coups, par conféquent à la durée de la canonnade.

Quant à la contradiction que me reproche l'Auteur, elle feroit très réelle, fi je prétendois que le Canon des Pléfions tue beaucoup de monde en fi peu de temps, & par ce moyen contribue beaucoup à la défaite des Ennemis. Mais dire que tirant uniquement aux Batteries, il diminue confidérablement leur effet, ce n'eft pas me contredire. Je ne vois pas non plus que ce foit offenfer l'Artillerie, que de la croire auffi capable de protéger que de détruire, & d'être plus raffuré par la nôtre, qu'épouvanté de celle des Ennemis.

On croira facilement que je le voudrois encore plus. J'ajouterai même que plus d'une fois l'Europe a été *au moment* d'en avoir la représentation : mais en attendant ces exemples, qui vaudroient bien mieux que mes réponfes, plus d'un Lecteur fe contentera de ceux de la neuvieme Obfervation.

Si ces Bataillons avoient chargé tout d'abord, & fans avoir commencé par effuyer long-temps le feu du Canon ; s'ils avoient été accompagés de Grenadiers, Chaffeurs, & de Canon, tirant à nos Batteries ;

### 7.

Je voudrois pouvoir donner, en augmentation de preuves, des exemples de batailles où on eût combattu fuivant les principes de la nouvelle Tactique. . . . .

### 8.

A Malplaquet . . . des Bataillons . . . . François réfugiés en Hollande, las d'être expofés aux boulets, fe précipiterent pour l'attaque avec l'ardeur de la Nation. . . . .

Ils souffrirent encore quelques volées dans leur course; mais prêts à monter sur le retranchement, ils essuyerent, de toutes les pieces, une grêle de balles, qui les mit dans un désordre dont ils ne purent revenir. . . .

9.

Les éloges prodigués à l'Ar-

s'ils avoient marché, non pas en Bataillons, mais en Colonnes, par conséquent avec la supériorité de l'ordre & du nombre, sur la partie de ligne qu'ils chargeoient; ou ils auroient mieux réussi, ou cet exemple feroit en effet très bon à nous opposer : encore pourrions-nous répondre, 1°. que le retranchement, quoique mauvais, mettoit entre cette attaque & une charge ordinaire une grande différence; 2°. que nous ne connoissons pas assez les circonstances de cette action, pour bien juger de sa facilité ou témérité; & qu'il paroît même, par ce que dit notre Auteur, que ces Batteries, commandées par M. de Malézieu, dans cette partie étoient très nombreuses; 3°. enfin, que, comme il dit lui-même ailleurs, *il faut prendre garde de conclure au général de quelques faits particuliers.*

Il joint à cet exemple un autre fait à-peu-près pareil de la Bataille de Guastalle : mais il y a sur ce dernier une observation particuliere. Les Allemands ne marchoient à la Batterie que parcequ'elle manquoit de munitions. Dans cette circonstance une décharge à cartouches faite de très près, outre qu'elle leur fit du mal, les étonna beaucoup; & peut-être leur défaite fut-elle plus morale que physique.

L'Auteur en donne lui-même la

tillerie un jour d'affaire, font oubliés le lendemain par le plus grand nombre.

raifon (ci-après Extrait XXVI.) Il y en a une autre encore, pour que ces éloges foient non pas oubliés, mais un peu modérés. Le jour du combat, on eft tout ébloui & tout étourdi des Batteries qu'on vient de voir placées habilement, fervies avec autant de valeur que d'activité, & faifant un tapage épouvantable. Le lendemain on voit de fang froid que l'Ennemi a perdu 4 à 5000 hommes, dont la Moufqueterie a tué la meilleure part : d'où, fans méconnoître le mérite très réel de l'Artillerie, on conclut que fon effet n'eft pas tout-à-fait auffi terrible qu'il le paroît, & que des calculs effrayants voudroient nous le perfuader.

A Bergen par exemple, la fin de la journée laiffa certainement notre Infanterie plus que contente de l'Artillerie ennemie : mais l'admiration dut beaucoup diminuer le lendemain, fi quelqu'un s'avifa de faire le calcul que fait notre Auteur luimême. » Les ennemis, dit-il, après » avoir perdu la Bataille, placerent » 20 pieces de leur groffe Artillerie » fur les hauteurs qui dominent ces » jardins, à la diftance de 250 toifes » ou 300; & canonnerent fi vive- » ment nos Troupes pendant quatre » heures, que nous eûmes 7 à 800 » hommes tués ou bleffés... De cha- » que piece un coup par minute, ce

**10.**

L'Auteur de la nouvelle Tactique Françoise porte l'indifférence plus loin que personne, lorſqu'il avance comme un axiome que le Canon eſt preſque compté pour rien dans les batailles ordinaires...

Si cela eſt vrai, il faut le

» n'eſt pas faire un feu bien vif; à ne » ſuppoſer que cela pourtant, les En- » nemis tirerent 4800 coups pen- » dant les 4 heures; & voilà 6 coups » pour tuer un homme «.

Je rapporte volontiers d'après lui ce calcul d'un effet réel, qui ne reſsemble guere à celui de l'Extrait IV : il eſt vrai qu'il ne le donne que pour prouver que les cartouches ne ne ſont pas ſi terribles qu'on le croit, & penſe que le même nombre de boulets *auroit produit un effet double & peut-être triple.* Suppoſons-le ſextuple ſi l'on veut ; il ſera terrible en 4 heures. Mais pour revenir à notre principe, que ſera-ce en 4 minutes ? 70 ou 80 hommes tués par 20 pieces ſur une trentaine de Bataillons.

On ſent aſſez que c'eſt une façon de parler qu'il ne faut pas prendre trop à la lettre. Au reſte, ce mot qui déplaît tant, & qu'on releve plus d'une fois, n'eſt point mon crime particulier : l'Auteur que j'ai cité à la premiere Obſervation n'eſt pas même le ſeul qui l'ait répété avant moi, & après le P. Daniel cité par notre Auteur lui-même. Mais quelque choſe de mieux : c'eſt que, dans la troiſieme Obſervation, on voit les paroles de Turenne & de Montecuculi, qui, ſans trop les forcer, diſent à-peu-près la même choſe.

Eh ! n'allons pas ſi vîte. De ce

bannir de la guerre de campagne. . . . .

quo le Canon dans les cas ordinaires ne peut pas faire beaucoup de mal dans un temps très court, ni par conséquent influer beaucoup sur la décision d'un combat, à moins qu'il ne se prolonge à certain point, il ne s'ensuit pas du tout que l'Artillerie n'eft bonne à rien : c'eft dans une armée une piece abfolument nécef-faire, qui même dans bien des cas a le premier rôle, en toute occafion a fon utilité, mais toujours proportionnée à la durée de fon action; car il n'y a pas moyen de partir de là.

Encore fi cette décifion étoit appuyée de certains principes, d'un raifonnement fuivi. . . .

Cette proportion de l'effet à la quantité de coups, par conféquent à la durée de la canonnade, me paroît à moi *un certain principe* : & je ne vois pas que ceux qui menacent tant du Canon des Troupes qui ne doivent l'effuyer qu'un moment, aient eux-mêmes bien fuivi ce raifonnement : du moins je ne vois pas qu'ils y répondent ; car ce n'eft pas le fuivre ni répondre, que de dire, en 6 minutes je tirerai tant de coups, qui doivent faire tel effet. Quand je dis moi : » je ne difputerai point fur le nom-
» bre de coups que vous tirerez en
» 4 minutes : je déterminerai encore
» moins ce que vous devez faire;
» mais on fait à-peu-près, d'après
» mille expériences, ce que vous
» faites réellement en une heure : or
» en 4 minutes vous ferez certaine-
» ment 15 fois moins. Donc fi par

» hafard il ne vous étoit jamais ar-
» rivé en une heure, de détruire à
» beaucoup près le quart de vos En-
» nemis, aucun calcul ne me feroit
» croire que vous puiffiez en 4 mi-
» nutes en détruire la foixantieme
» partie.

Je rebats un peu ce principe;
mais il eft bien effentiel, & n'aura
jamais été affez inculqué, tant qu'on
répétera encore l'objection du Canon contre la Pléfion allant à la
charge : c'eft pourquoi il faut encore
prévenir une réplique.

Vous anéantiffez, dira-t-on, l'effet du Canon avec votre proportion
de 4 heures à 4 minutes : mais ce
calcul eft une illufion; & pour que
le réfultat fût exact, il faudroit que
cet effet ne fût pas plus grand quand
vous arrivez fur l'Ennemi, que lorfque vous en êtes à 100 ou 200 toifes,
ce qu'il n'eft pas poffible de fuppofer.

A cela je réponds premiérement
que, fi en arrivant fur l'Ennemi nous
fommes à meilleure portée de fon
Canon, cet avantage pour lui pourroit bien être tout au moins compenfé par tout le feu de Canon &
de Moufqueterie qui dans ce moment pleut fur fes Batteries & en
trouble étrangement la jufteffe & la
vivacité. L'effet de la Moufqueterie,
à ne confidérer que la facilité d'a-
jufter, devroit être plus terrible à me-

**Nous**

fure qu'on s'approche ; & on a mille expériences de décharges à bout touchant, beaucoup moins meurtrieres que celles qui les avoient précédées à bonne portée. Mais fuppofons fi l'on veut que l'effet du Canon foit en temps égal trois fois plus terrible à la fin de la charge qu'au commencement ; & cette augmentation accordée, reprenons notre calcul. Quel en fera le réfultat ? Que la perte fera double de celle que nous donnoit notre proportion ; par conféquent fera encore bien peu de chofe.

Nous fouhaiterions au moins qu'au défaut de principes clairs, l'Auteur eût fait voir que le Canon, généralement dans toutes les batailles données depuis trois fiecles en Europe, n'a eu aucun effet propre à le rendre recommandable.

Le Canon a toujours tué du monde, quand on lui en a donné le temps : il feroit même l'agent unique dans un combat, fi les deux armées ne s'approchoient pas à portée de la Moufqueterie. Mais je n'ai pas connoiffance qu'il ait jamais eu d'effet propre à le rendre bien terrible pour qui ne l'effuieroit qu'un moment : c'eft ce que j'aurois pu prouver, comme le demande ici notre Auteur, par la relation de toutes les batailles données depuis trois fiecles. J'ai cru devoir m'en difpenfer, mon objet ne demandant pas abfolument ce détail qui auroit été de longue haleine. Le petit ouvrage qui m'occupe en ce moment le demande un peu davantage : auffi ai-je fuivi les intentions de l'Auteur dans les Obfervations IV &

G

## 11.

Fut-il compté pour rien à Marignan , journée si glo-rieuse à la Nation ? François I passa une partie de la nuit qui sépara les deux actions, *à bien placer son Artillerie ,* dit Mé-zerai , *ses Arquebusiers & ses Arbalêtriers Gascons. Le jour venu , les Suisses retournerent à la charge avec plus de vi-gueur que la veille ; mais l'Ar-tillerie rompoit leurs Batail-lons , l'arquebuserie & les fle-ches en faisoient un grand car-nage , puis la Cavalerie sortoit dessus , & leur passoit sur le ventre.* Ainsi la bonne com-binaison de ses armées lui as-sura la victoire. . . . .

On pourroit citer la Bataille de Marignan où l'Artillerie prépara la défaite des Suisses

IX, & les suivrai-je encore dans ces réponses. On a vu ou on verra que toutes les actions qu'il a citées , & quelques autres dont il n'a pas parlé , Fontenoy , Lawfelt , Rocoux , Etlin-gen, Hastembeck, Minden, Crevelt, Bergen , Norlingen , Almanza , Cas-sano , Chiari , &c. n'ont rien qui puisse autoriser la crainte du Canon que l'on veut donner à l'Infanterie allant à la charge en colonnes ou au-trement.

Il y a dans ce passage de Mézerai un peu d'exagération & d'emphase. Si l'Artillerie avoit fait tant d'effet , elle n'auroit pas laissé tant à faire aux autres armes : si le combat s'é-toit passé exactement de cette ma-niere , il n'auroit pas été si long , ni si difficile.

Au reste François Premier avoit grande raison de s'occuper de son Artillerie , comme de ses autres armes : leur bonne combinaison est très nécessaire ; & dans ce concert le Canon tient très bien sa place. S'il ne peut,comme une charge de Cava-lerie ou d'Infanterie , expédier une ligne dans un moment, encore une fois cela n'empêche pas qu'il ne soit quelquefois à compter pour beau-coup , sur-tout dans un combat qui dure deux jours.

On pourroit mettre à côté la Bataille de Novarre , où les Suisses attaquerent , dans un ordre pro-

qui venoient avec ardeur, &
dans un ordre profond, pour
attaquer l'armée Françoife.

### 12.

Henri IV favoit la guerre,
fans doute, & connoiffoit la
force des armes : il ne perdoit
jamais de vue fon Artillerie,
& fe faifoit un objet capital
de la bien difpofer. . . . .

Dans les difpofitions qui
précéderent la Bataille de Cou-
tras, il charge fes plus fideles
Officiers d'y veiller, & leur
montre une colline où il defire
ardemment qu'elle foit placée, &c. Il avoit bien raifon,
car cette Artillerie, quoique
très foible en nombre de pieces, répara la défaite des

fond (a) & avec ardeur, une Armée
Françoife fupérieure de moitié, &
la battirent quoiqu'elle les foudroyât
d'un nombreufe Artillerie, eux-
mêmes n'ayant pas une piece de Canon.

Perfonne ne difconviendra qu'il
ne faille donner beaucoup de foin à
l'emplacement des Batteries, pour
augmenter autant qu'il eft poffible
leur effet quelconque, qui encore
une fois influera beaucoup fur la décifion d'un combat, s'il fe prolonge
à certain point ; & quand bien même il ne feroit pas fort long, il peut
être de la plus grande importance
dans certains cas particuliers, fur-
tout fi l'Ennemi ne leur oppofe pas
des Batteries à-peu-près également
nombreufes, & à-peu-près auffi
bien placées & fervies.

Dans cette occafion l'Armée paffoit une riviere, & déja la moitié
étoit à l'autre bord, lorfque l'Ennemi arrivant, *le Roi comprit qu'il
ne pouvoit éviter l'entiere défaite de
la partie qui feroit reftée en-deçà....
Il donna donc ordre qu'on fît repaffer
promptement tout ce qui étoit de l'autre
côté; & puifqu'il avoit bien jugé qu'il
n'avoit pas le temps de faire paf-*

---

(a) » Les Suiffes forcés de placer toute
» leur confiance dans leur Infanterie,
» formoient des Bataillons difpofés en Co-
» lonnes profondes & ferrées. . . . . Ces
» Troupes employées pour la première
» fois dans les guerres d'Italie, écraferent
» tout ce qui entreprit de leur réfifter «.
Introduct. de l'Hift. de Charles Quint.

Troupes du quartier de Turenne, & de celles que com-
mandoit le Duc de la Tri-
mouille; arrêta le défordre
qui commençoit à gagner le
refte de l'Armée Royale, &
arracha la victoire aux Ligueurs: au lieu que le Duc de
Joyeufe perdit la Bataille pour
n'avoir fu tirer aucun parti de
fon Canon. . . . .

fer la feconde moitié, par la même
raifon il n'eut pas celui de faire repaffer la premiere. Ceci n'eft donc
pas un combat & charge *ordinaire*,
mais un paffage de riviere, dans
lequel l'Artillerie joue néceffairement un grand rôle, lors même que
cette opération eft fort avancée,
comme elle l'étoit ici quand l'action
s'engagea. Je ne peux pourtant
m'empêcher de croire que, fi les Ligueurs avoient eu un peu plus de
nerf, ils n'euffent facilement confervé leur avantage, & culbuté les
Royaliftes, malgré l'effet des trois
pieces de Canon. Sully, chargé de
l'Artillerie, dit qu'elles arrêterent
leur impétuofité & les incommo-
derent fort. Cela eft fort bien. *Mais
pour fe mettre à couvert ils s'écarterent
& n'offrirent qu'un Corps mal joint &
mal foutenu aux efforts du Roi, du
Prince de Condé, & du Comte de
Soiffons, qui étoient accourus à la tête
de trois Efcadrons: ces trois Princes
y firent des prodiges de valeur; ils ren-
verferent tout ce qui fe préfenta à leur
rencontre, & pafferent fur le ventre
aux Vainqueurs.* Concluons que les
troisCanons fervirent très utilement,
mais que, pour arracher la victoire
aux Ligueurs, les Bourbons furent
les trois meilleures pieces.

A Ivry, une des principales
caufes qui fit triompher le petit nombre du plus grand fut

Voici les paroles de Sully : » Je
» laiffe aux Hiftoriens à particula-
» rifer toute cette action, pour me

*la différence infinie entre la maniere dont l'Artillerie du Roi & celle de ses Ennemis furent servies.* Ce qu'ajoute Sully sur la valeur du Maréchal d'Aumont, & sur les talents singuliers du Roi, loin d'affoiblir ce témoignage, en augmente la force.

» renfermer dans ce que j'ai vu moi-» même. Je crois qu'il suffira de » dire que les principales causes qui » firent en cette occasion triompher » le petit nombre, furent la valeur » du Maréchal d'Aumont, qui em-» pêcha l'entiere défaite des Che-» vaux-légers; la différence infinie » entre la maniere dont notre Artil-» lerie & celle des Ennemis furent » servies; & plus que tout cela les » talents singuliers du Roi, qui ne se » montroient jamais si parfaitement » qu'en un jour de combat, dans » l'ordonnance des Troupes, le ral-» liement, la discipline, la prompte ,, & entiere obéissance ,,. Sully, parlant assez long-temps de cette action, donne encore d'autres raisons de la victoire. On peut donc dire que l'Artillerie y servit bien, y contribua pour sa part. Je n'en disconviens nullement : c'est ce qu'on a vu & qu'on verra encore mille fois, sans qu'on puisse en conclure que le Canon doive ou même puisse empêcher l'effet d'une charge faite en ordre & en nombre supérieur.

Et la fin glorieuse du combat d'Arques, où ce même Roi put, avec 3 mille hommes, résister à 30 mille, ne l'a dut-il pas à quatre pieces de Canon qu'un brouillard épais avoit rendu inutiles pendant quelque temps, & dont l'effet

On voit par la relation du Duc de Sully que l'Armée du Roi résistoit depuis bien long-temps à celle du Duc de Mayenne, sans le secours du Canon : lorsqu'il put agir, il fit sans doute grand effet sur une Armée entassée en lignes redoublées, & en terrein très serré : mais si elle

mit en défordre l'Armée ennemie? . . . .

ne foutint pas le feu de ces quatre
pieces, fi à leur feconde décharge *elle
fe retira en défordre* , il faut avouer
que fon heure étoit venue , & que
cet incident ne fuffit à la déterminer
que parcequ'elle étoit , comme dit
Sully , *étonnée fans doute de la grandeur de la perte qu'elle avoit faite ,
& rebutée par une réfiftance à laquelle
le Duc de Mayenne ne s'étoit point
attendu.* Encore une fois l'Artillerie
fervit toujours très utilement dans
les actions de Henri IV , fit des mi-
racles , comme tout ce qui étoit
conduit & animé par ce Héros. Mais
je ne penfe pas que notre bon Roi
eût volontiers attribué fes glorieufes
victoires à fon Canon. *Ventre-faint-
gris ! nos piques & nos épées furent
toujours nos meilleures Batteries.*

On peut encore moins attribuer
au Canon le fuccès du combat d'Ar-
nai-le-Duc , le premier de Henri IV,
où quoique très inférieur il rem-
porta une *efpece de victoire* n'ayant
pas une piece , tandis que les Ennemis en avoient.

### 13.

Turenne ne comptoit pas le
Canon pour rien. . . . . La
nuit qui précéda la Bataille
des Dunes , il dormoit fur le
fable. . . . on vint l'éveiller
pour lui amener un Page qui
s'étoit échappé du camp des
Efpagnols. . . . . Le jeune
homme l'affura que leur Ca-

Sans doute la nouvelle n'étoit rien
moins qu'indifférente ; & Turenne
ne comptoit pas le Canon pour rien
à la lettre. Mais quand les Ennemis
en auroient eu , il auroit bien compté
qu'il ne feroit pas beaucoup de mal ,
*parceque les Troupes Françoifes n'é-
toient pas dans un défilé. Voyez dans
la troifieme* Obfervation fes propres

non ne devoit arriver que dans deux ou trois jours. Turenne *fe fit répéter la nouvelle du Canon*, fe recoucha enfuite fur le fable, & s'y rendormit. Cette nouvelle l'intéreffoit, fans doute, plus que les autres : cela n'a pas befoin de commentaire. . . . . . .

paroles, qui, comme fon fommeil, n'ont pas befoin de commentaires.

### 14.

Il fuffira de nommer Deltingen, Fontenoy, Rocoux, Lawfelt, Haftembeck, Bergen & quelques autres, pour faire convenir combien il eft ridicule de dire que l'Artillerie n'eft comptée prefque pour rien dans les Batailles ordinaires. . . .

Non vraiment cela ne fuffit pas pour mettre dans un plus grand jour le ridicule de cette propofition (réduite à fa jufte valeur & au fens de l'Auteur.) Il faudroit examiner ces batailles, & montrer que le Canon, non feulement y a été de grand effet, mais a beaucoup contribué à décider la victoire. Entrons donc un peu plus dans le détail.

A Deltingen l'Artillerie Françoife auroit fait beaucoup fi on l'eût laiffé agir, au lieu de prévenir & mafquer fon effet par une attaque imprudente : car l'Ennemi, en terrein affez ferré, étoit pris en écharpe, en flanc & de revers par de nombreufes Batteries placées avantageufement & couvertes par le Mein, de forte qu'il ne pouvoit en aucune maniere s'en débarraffer : mais affurément ce n'eft pas là une bataille ordinaire ; & cette circonftance ne reffemble nullement à celle d'une Armée battue de front

par le Canon, dont elle peut n'effuyer le feu que le temps néceffaire
pour arriver fur la ligne qui le fou-
tient & la renverfer. Si, laiffant ce
qu'on auroit dû faire dans cette occafion, nous examinons ce qu'on y
fit, nous verrons que notre Artillerie
ne nous empêcha pas de perdre la
Bataille, & que celle des Ennemis
contribua médiocrement à leur victoire.

A Fontenoy une Batterie Françoife établie à la rive gauche de
l'Efcaut, & flanquant Antoin, auroit fort incommodé les Hollandois
s'ils euffent attaqué ce village,
ayant le même avantage que celles
de Dettingen. Celles qu'ils eurent
en tête leur firent peu de mal, puifqu'ils n'en approcherent guere; &
par la même raifon les leurs n'en firent pas davantage. Celles des Anglois ne nous firent pas abandonner
nos poftes, que nous tînmes toujours:
ce ne fut pas elles non plus qui firent
plier notre ligne dans la plaine. J'i-
gnore combien, dans cette Bataille
qui fut longue, nous perdîmes par le
Canon; mais cela ne peut être fort
confidérable: quant au nôtre, il avoit
beau jeu; & la foi-difante Colonne
en auroit été détruite, que je ne
vois pas ce qu'on en pourroit conclure contre une charge de Pléfions:
fon effet ne fut pourtant pas fi décifif. ( *Voyez* l'Obfervation IX.)

J'ai

J'ai vu en manufcrit, relié en même volume avec l'ouvrage auquel je réponds, un autre Mémoire d'Artillerie, fort éloigné de préfenter Fontenoy comme un exemple de la grande influence du Canon dans les Batailles : car il prétend que le nôtre fit très peu d'effet, étant la plupart de pieces à la Suédoife, qui n'ont pas affez de portée. Mais, comme dit très bien notre Auteur, il *fuffit de nommer les Batailles.*

A Rocoux ce ne fut pas notre Canon qui força les villages : celui des Ennemis ne nous empêcha pas de les forcer. Il fit du mal fans doute ; & d'autant plus que nous y étions fort en prife, & que le combat fut affez long : mais enfin notre perte ne fut pas énorme, & la Moufqueterie y eut plus de part que le Canon.

S'il eft vrai, comme le dit le Mémoire dont je parlois tout-à-l'heure, que la gauche des Ennemis fe replia devant notre droite, fans autre raifon que 6 pieces de 16 qui précédoient celle-ci, on peut regarder ce fait comme une exception à la regle, & une efpece de phénomene : car il eft affez reçu dans l'Infanterie que les plus mauvaifes Troupes tiennent au Canon. En effet, tant que l'Ennemi ne preffe pas plus que cela, il eft affez facile aux Officiers de les contenir : ce danger, réel & encore plus impofant, ennuie bien

H

le Soldat ; mais l'envie de fuir ne prend pas à un grand nombre précisément dans le même inftant. Pour amener ce concert d'épouvante que rien n'arrête, il faut un danger plus urgent & plus rapproché. Par exemple, à l'arrivée d'un Ennemi chargeant de bonne grace, on tourne le dos bien enfemble.

A Lawfelt, notre Canon agit peu, une grande partie de notre Artillerie ayant été laiffée à Herderen, & même fur les hauteurs de Tongres, comme le remarque notre Auteur lui-même, ( page 47.) Le Canon des Ennemis figura davantage dans l'attaque : mais fon effet fut au fond affez médiocre, & n'en retarda pas d'un moment le fuccès. ( *Voyez* l'Obfervation IX. )

L'Auteur, revenant dans un autre endroit fur cette action, prétend *que la prife du village ne fut bien affurée que par 10 pieces de Canon établies contre le chemin creux par où les Anglois faifoient continuellement arriver de nouvelles Troupes ;* & ajoute que faifant à l'occafion de cette Bataille l'éloge de la Cavalerie & de l'Infanterie, j'aurois *dû rendre également juftice aux bons effets de l'Artillerie.*

Je rendrai toujours très volontiers juftice égale à toutes les trois ; & dans cette action je ne difconviens nullement que l'Artillerie fervit à son ordinaire très bien par-tout où elle fut employée : mais j'avoue que, ni le *lendemain* de cette action, ni le *jour même*, ni depuis, je n'avois point encore entendu citer le Canon pour une des caufes principales de la victoire. Je ne comprends pas même comment ce chemin creux balayé auroit abfolument empêché les Anglois de revenir au village, le terrein étant libre des deux côtés; ni comment ils l'auroient plufieurs fois rattaqué fi promptement & fi puiffamment, s'ils avoient marché uniquement par ce défilé.

A Bergen le Canon des Ennemis ne favorifa pas leur attaque au point de la faire réuffir ; & fi malgré leur fupériorité, & la foibleffe des haies que bordoit notre Infanterie, ils ne purent forcer ce pofte, on peut bien moins l'attribuer à notre Artillerie, qu'à la Moufqueterie, à la fermeté des Troupes, à l'habileté du Général.

La Bataille finie & perdue, les Ennemis pour évacuer leur dépit & couvrir leur retraite, nous donnerent une canonnade affez fâcheufe parcequ'elle fut très longue. Mais enfin l'effet de 20 pieces en 4 heures ne fut rien moins que capable de faire beaucoup craindre celui qu'elles pourroient avoir en 4 minutes. ( *Voyez* ci-deffus la Réponfe au neuvieme Extrait. )

H ij

## RÉPONSES.

J'ai affez parlé de Haftembeck dans la neuvieme Obfervation.

Raffemblons ici quelques autres actions dont notre Auteur a parlé en différents endroits de fon ouvrage.

A Fribourg & Norlingen, comme il le remarque très bien, l'Artillerie fit peu de chofe, étant de part & d'autre mal placée & mal employée, & l'impatience du Prince de Condé ne lui permettant pas de faire ufage de ce moyen qui lui auroit épargné du monde.

A Almanza le champ de bataille des François reffembloit à celui des Bavarois à Norlingen. L'Artillerie n'y fut pas mieux placée ni employée. Mais ni l'événement de ces trois Batailles, ni la jufteffe des réflexions que fait fur elles notre Auteur, ne prouvent que l'effet du Canon foit auffi prompt & auffi décifif qu'il le fuppofe : car il faut toujours en revenir à ce point qui feul fait toute la queftion entre lui & moi. J'ajouterai par rapport à Almanza, que, felon l'Hiftorien, l'Artillerie ne fut pas de grand ufage, parceque *les Armées fe mêlerent dès qu'elles furent à portée de le faire.* Notre Auteur veut qu'elle eût été de plus grand ufage fi elle eût été mieux placée : cela eft inconteftable. Mais agiffant fi peu de temps, fon effet auroit encore été très médiocre; &

des deux raisons qu'elle eut de ne rien faire , la principale auroit toujours subsisté.

A Cassano l'Artillerie Françoise , d'abord inutile parcequ'elle étoit restée en-deçà de l'Adda , fit un grand effet & fut la principale cause du gain de la Bataille lorsqu'on la plaça au bord de la riviere , d'où elle battit en flanc & de revers la ligne ennemie , qui , après avoir passé le Ritorto , étoit venu appuyer sa droite à ce point de l'Adda. Cette observation de notre Auteur est très juste , mais ne prouve contre moi rien de plus que n'auroit jamais prouvé l'exemple de Deltingen. Le cas est tout pareil , & n'a rien de commun avec celui d'une charge.

A Crevelt notre Artillerie , moins nombreuse que celle des Ennemis au point de l'attaque , *fit cependant plus de désordre* , dit notre Auteur. Elle en est fort capable. Mais puisque nous perdîmes cette Bataille , ce ne fut donc pas par l'effet du Canon , & il ne contribua point à la victoire.

A Einsheim , dit-il encore , les Ennemis eurent grand tort de ne mettre à la défense du Bois de leur gauche , que 8 pieces de Canon qu'ils laisserent encore prendre , & dont les 6 *du second retranchement arrêterent les François pendant trois heures , & ce ne fut qu'à force de Troupes qu'il fut emporté.* Il repro-

RÉPONSES.

che beaucoup aux François de n'a-
voir tiré que *quelques volées* de Canon contre le premier retranchement, & *de n'en avoir point amené
pour attaquer le second, & pour placer hors du Bois après l'avoir pris.
Heureusement les Ennemis en abandonnerent 8 pieces* que Turenne *fit
pointer contre eux à la derniere ten-
tative pour les repousser.* Ce trait
prouve évidemment *qu'à la défense
ainsi qu'à l'attaque des Postes, l'Artillerie soulage & protege les Troupes plus qu'on ne le croit ordinairement; & qu'avec elle on exécute facilement des choses qui couteroient beaucoup & même seroient impossibles si
l'on en manquoit.*

Cette action est fort détaillée dans
les Mémoires des deux dernieres
Campagnes de Turenne, où l'on
voit que l'Ennemi étoit très supérieur, très bien posté, & avoit 50
*pieces de Canon placées dans des en-
droits avantageux :* on y voit bien
aussi que le combat fut difficile &
opiniâtre, & que le Canon y tint sa
place, mais non pas que ce furent
les 6 pieces qui arrêterent les François pendant 3 heures ; & comme
ils étoient fort inférieurs, s'ils emporterent les retranchements, ce ne
fut pas *à force de Troupes.* S'ils attaquerent le second sans Canon, &
prirent celui qui y étoit, ce trait
assurément ne prouve rien contre

l'Infanterie allant à la charge , &
n'eſt pas même des plus propres à
prouver qu'avec l'Artillerie on exécute facilement ce qui ſans elle ſe-
roìt impoſſible. Le Canon des Ennemis pris , Turenne le fit pointer
contre eux : tout autre en feroit autant ; & ceux qu'on croit les plus
oppoſés à l'Artillerie , ſavent combien elle ſoulage & protege les
Troupes.

Je ne rappellerai point ici deux
exemples dont parloit le Manuſcrit ,
& qui m'étoient très favorables: dans
l'un le feu vif d'une nombreuſe Artillerie ne frappa que 50 hommes
ou chevaux , le combat ayant été
très court ; dans l'autre , 7 à 800
coups de Canon ne frapperent que
40 hommes, parceque notre Artillerie , qui marchoit en avant des
Troupes , tiroit aux Batteries ennemies.

Je ne m'arrêterai pas non plus à
d'autres batailles ou combats que
notre Auteur n'ait pas cités nommément : mais s'il ne falloit abréger un
détail qui deviendroit trop long , il
feroit aiſé de prouver que depuis
l'invention du Canon il n'y a eu *aucune* action dans laquelle ſon effet ,
comparé à ſa durée , ne ſoit très
propre à raſſurer contre ce danger
toute Troupe qui , marchant à l'Ennemi ſans délibérer , n'y ſera expoſée qu'un inſtant.

15.

Je ne prends parti pour aucune ordonnance particuliere; mais le fyftême des Phalanges coupées me paroît encore loin d'être admis dans toute fon étendue. Les extrémités fe rapprocheront : & c'eft là, je crois , *ce que tout Militaire fenfé doit prétendre.*

#

Un Militaire, que je ne crois pas fou, prétendit & prétendra quelque chofe de plus. Au refte il eft dans l'ordre des événements qu'une pareille révolution ne fe faffe pas fi vîte : ce doit être l'affaire d'un fiecle. J'ai bien vu quelquefois... Mais l'opération doit être réfervée à Folard III; à quelque petit *infenfé* qui pour prélude de fon projet fait à préfent des châteaux de cartes.

Le rapprochement des extrémités eft dans l'ordre encore. Les *fenfés* font le grand nombre : car , fans vanité ni modeftie, il n'eft pas donné à tout le monde d'extravaguer. Les enthoufiaftes donc font obligés de prendre la marche des fenfés, & de rapprocher les extrémités, ne pouvant faire mieux. Quand on inventa les fufils, on en donna quelques-uns à l'Infanterie, mais on fe garda bien de fupprimer auffi-tôt les moufquets. De même les fleches avoient tenu long-temps à côté des armes à feu. De même les Bataillons, après avoir tenu tant bien que mal contre les Pléfions fur le papier , tiendront encore long-temps , non pas contre, mais à côté d'elles. Cette réponfe ne fera pas elle-même trouvée des plus *fenfées :* cela eft dans l'ordre encore, comme il l'eft que cette certitude ne

Vouloir

Vouloir aftreindre les Généraux à un feul ordre, ce feroit vouloir les renfermer dans une fphere trop étroite.

me la faffe pas effacer. D'ailleurs je vois que dans ce genre je n'ai rien à perdre.

Combien, s'il vous plaît, en ont-ils aujourd'hui ? J'ai obfervé il y a long-temps que les plus habiles quand ils combattent notre méthode ne font plus eux-mêmes : en voici une nouvelle preuve. Comment un Officier auffi éclairé a-t-il laiffé échapper cette objection fuperficielle triviale, cent fois réfutée & qui n'a jamais mérité de l'être ? Pourquoi feroit-on plus renfermé dans la fphere des Pléfions que ne l'étoient les Grecs dans celle de la Phalange, que ne le font les Modernes dans celle des Bataillons ? N'a-t-on pas eu, n'aura-t-on pas, dans tous les temps, un fyftème général quelconque, une ordonnance habituelle bonne ou mauvaife ? Quelle eft de ces ordonnances celle dont la fphere eft la plus étroite, finon celle qui eft la moins fufceptible de variété, & qui marche & manœuvre avec moins de facilité ? Eft-il plus difficile à la Pléfion de fe développer pour la Moufqueterie, qu'au Bataillon de former la Colonne pour la charge ? N'eft-il pas même évident qu'elle feule a les deux armes comme les deux ordres également fous la main dans tous les cas ?

Le fyftème actuel vous renferme dans l'ordre parallele, pliable au

I

terrein, toujours foible & alongé ;
vous permettant de plus en certain
cas une efpece d'oblique foible &
lent ; mais qui, quoique très impar-
fait dans fa formation comme dans
fon action, eft le plus fouvent vainqueur du parallele, plus foible encore : voilà tout.

Le fyftême des Pléfions vous montre au contraire le véritable oblique
par un mouvement fimple en avant,
prompt, fûr, facile *en toutes circonftances :* & cet oblique, jufques-là incon-
nu, leur appartient fi effentiellement,
que ceux qui ont voulu en faire ufage
d'après elles & fans elles n'ont pu
que le défigurer & le gâter. Ce même
fyftême vous donne de plus l'ordre
perpendiculaire, encore meilleur &
plus effentiellement à lui ; *item ,*
l'ordre par divifions de Bataille, qui
lui eft fi naturel que tout d'abord Folard l'avoit apperçu. Végece comptoit fept difpofitions, qui n'en font
véritablement que deux, le parallele
& l'oblique. Aujourd'hui la Tactique en a quatre : les Pléfions ren-
forcent la premiere, perfectionnent
la deuxieme, & la rendent applicable
à tous les terreins ; poffedent exclu-
fivement la troifieme & la quatrieme. Telle eft la fphere étroite
dans laquelle elles renferment les
Généraux. Tout ceci auroit befoin
de beaucoup plus de développement, fur-tout pour ceux qui n'au-

**16.**

Il n'eſt donc pas ici queſtion d'examiner ſi une colonne de 24 hommes de front ſur
32 de profondeur enfoncera
un Bataillon de 4 rangs. Il
faudroit n'avoir pas de ſens
pour en douter.

Et je ſuis convaincu que,
ſi, dans les Livres écrits à ce
ſujet, on n'avoit pas ſuppoſé
une partie de l'Europe imbé-
cille, & l'autre éclairée; un Général ſans connoiſſances d'un
côté, & de l'autre un homme poſſédant au ſuprême de-
gré tous les talents de la Guerre, on ſe fût épargné bien des
diſcours ſuperflus.

ront donné *au projet de Tactique*
qu'une médiocre attention. Et qui
lui en a donné davantage? Mais ce
n'eſt pas ici la place d'expoſer &
de démontrer les éléments.

Si je m'étois une ſeule fois ex-
primé de cette maniere, il ſeroit
aſſez naturel qu'on me trouvât trop
*déciſif* & trop *impoſant*. Au reſte,
pourvu que les Pléſions ſoient déci-
ſives dans les Batailles, & impo-
ſantes pour les Bataillons, peu importe que je n'aie pu entiérement
me garantir de la contagion. D'ailleurs il s'agit de la choſe & non de
la perſonne. Laiſſer le fond de l'affaire, pour plaider contre le ſtyle
de l'Avocat, ce ſeroit vouloir ſur-
prendre la religion de la Cour.

Mais à nous deux, ſi nous n'y pre-
nons garde, nous allons dire des
choſes étranges: car enfin je n'ai
ſuppoſé d'autres lumieres ni d'autre imbécillité que des Pléſions &
des Bataillons: & il falloit bien les
mettre en oppoſition, & comparer
les deux ordonnances, pour voir laquelle eſt préférable. Dans tout cela
il y a ſans doute bien du ſuperflu
pour un Lecteur auſſi attentif qu'é-
clairé. Et par exemple, il étoit fort
ſuperflu de combattre ſi longuement
le Bataillon quarré: mais il valoit
mieux donner de l'inutile que de
refuſer du néceſſaire. Et puiſque
nous en ſommes encore là, appa-

Que Montécuculi cherche à employer quelque ordre nouveau dans une bataille, Turenne trouvera bientôt dans son génie le moyen d'y réſiſter..... Cela n'empêche pas qu'il ne faille écrire, propofer du nouveau, rappeller l'ancien, travailler en un mot fur l'art militaire ; mais les Auteurs doivent fe garder *de prendre une maniere trop décifive & un ton trop impofant.*

remment je n'ai pas dit encore tout ce qu'il falloit dire.

Si un grand Général , tout occupé de plus grands objets & ayant peu de loifir , n'étoit pas grand Tacticien , cela ne feroit peut-être pas fort étonnant. Platon a obfervé que celui qui joue le mieux de la trompette , n'eſt pas toujours celui qui fait faire la meilleure : c'eſt pour cela qu'il eſt bon effectivement , *mais très bon* , que les Auteurs travaillent encore fur la Tactique.

L'Ennemi n'oppofera pas à des Pléfions des Bataillons dans leur état naturel, fe rapprochera.... Je le crois : mais je n'ai pas dû le fuppofer. J'ai dû comparer ma méthode à celle des Modernes , telle qu'elle étoit , & non pas à cette derniere corrigée, & rapprochée de mes propres idées : mais enfin elle s'en rapprochera ; & alors la nouvelle n'aura plus le même avantage, cela eſt certain. Il arrivera pis même : voyant qu'il ne fuffit pas de fe rapprocher , & que quelques parties n'égalent pas le tout , nos Ennemis finiront par prendre le même fyſtême : alors il ne nous reſtera que les fuccès paſfés qui les y auront déterminés ; pour le préfent, l'avantage d'y être moins neufs ; pour l'avenir, celui de combattre d'une maniere auſſi analogue à la vivacité de la Nation , que l'étoit au flegme & à la fermeté de

## 17.

On ne suppose pas vaguement qu'un boulet puisse emporter une file de 32 hommes : des calculs fondés sur de pareilles suppositions ne prouvent rien ; mais je prendrai un terme moyen, savoir, qu'à la distance de 200 toises les bonnes pieces peuvent renverser 12 hommes sur la même file.

A cet égard, les colonnes frappées de front ou en flanc perdront plus que les Bataillons, dans la raison de 3 à 1.

Oui, mais les Bataillons présentent un front huit fois

ses Ennemis le systême des Bataillons.

Je me suis pourtant prêté à cette supposition, n'étant pas sûr que tout le monde fût aussi raisonnable que notre Auteur, ne voulant point multiplier les chefs du procès, &, s'il faut tout dire, ayant du terrein à perdre. A présent sur la parole d'un habile Officier d'Artillerie, & qui dans cette affaire n'est pas suspect, n'oublions pas que même de bonnes pieces ne peuvent emporter que 12 hommes au plus, & encore moins au-delà de 200 toises. Si donc dans le Bataillon canonné il n'y a pas un homme qui n'ait part au danger dans toute son étendue, dans la Plésion environ la moitié n'en ont qu'une très petite part, & sont pour ainsi dire couverts d'un parapet : d'où il suit que la perte des Plésions, qui, dans la supposition qu'il ne faut pas admettre, seroit, comme le démontre la treizieme Observation, égale à celle des Bataillons, à force égale, & en temps & circonstances égales, dans la réalité sera beaucoup moindre.

Donc si le Bataillon reçoit huit coups pendant qu'elle n'en reçoit qu'un, il perd non seulement autant, mais plus qu'elle dans le rapport de huit à trois.

Il faut bien se rappeller ici les Observations 12, 13 & 14, & prin-

plus grand que la colonne,
par conféquent donnent huit
fois plus de prife. C'eft le raifonnement de l'Auteur du
nouvel ordre François. Il s'en
faut bien que ce raifonnement
foit auffi fort qu'il fe l'imagine:
quand le Canonnier tire bien,
cette différence de front eft
nulle à fon égard, & la colonne prefente de tout fens un
but affez étendu pour y frapper
de 200 toifes prefque à chaque
volée. Ce n'eft pas dans la di-
rection que les coups de Canon varient, mais dans la hauteur. . . . . . .

cipalement la derniere : on fuppofe
une Colonne ifolée fervant de but
au Canon, & on ne fait pas attention que le feu fera néceffairement
& également répandu fur toute la
partie de ligne compofée de Pléfions
& de leurs intervalles mafqués, puis
remplis par leurs accompagnements.
Et quand malgré la petiteffe des
fronts & des intervalles, malgré le
feu du Canon & de la Moufqueterie
des accompagnements, malgré le
mouvement rapide des Pléfions,
malgré la difficulté de les appercevoir bien diftinctement, jufqu'à ce
que tout près de l'Ennemi, elles fe
démafquent entiérement, il feroit
poffible de pointer fur elles affez
bien, pour qu'en effet de tous les
boulets portant à hauteur d'homme,
pas un ne tombât dans leurs intervalles ; tout au moins faudroit-il convenir que lorfque trois Pléfions tiendront dans la ligne le front d'un feul
Bataillon, elles partageront entre
elles ceux qui auroient été pour lui
feul ; de forte que fuppofant que
chaque coup fît fur elles trois fois
plus d'effet, chacune ne perdroit ni
plus ni moins que n'auroit perdu ce
Bataillon en temps égal : encore cela
ne feroit-il vrai que pour les bonnes
pieces, les feules qui puiffent d'un
coup emporter douze hommes.
    On nous fuppofe d'ailleurs *que le
Canonnier tire bien* : mais, comme

dit ailleurs notre Auteur lui-même, » beaucoup de raifons concourent à » prouver qu'il eft difficile de poin- » ter jufte contre des objets mo- » biles & de petire apparence, à » plus de 200 toifes de la Batterie, » même avec des *pieces longues & » de gros calibre* ,,. Si les mêmes raifons n'ont plus la même force à 200 toifes, & en ont encore moins à 100, en revanche celles que nous venons de voir en prennent d'autant plus que la diftance diminue. Je crois donc que, fans être trop diffi- cile en affaires, on peut refufer d'ad- mettre l'hypothefe, & même établir que le Canon n'étant un peu affuré qu'à 200 toifes, & ne tirant en toute liberté fur les Pléfions qu'au-delà de cette diftance, elles ne l'effuie- ront pas un moment d'une maniere fort dangereufe.

Il eft donc prouvé qu'en temps égal le Canon fera moins de mal à une Armée de Pléfions; & que d'ail- leurs l'effuyant beaucoup moins long-temps, elle en fouffrira infini- ment moins qu'une Armée ordi- naire.

Il eft donc prouvé que, tou- tes chofes égales, le Canon fe- ra plus de mal à une Armée rangée par Pléfions, que dans l'ordre préfentement en ufage.

18.

Si la légéreté de la Colonne eft telle que nos Auteurs le difent .... le Bataillon fe trouveroit plus long-temps qu'elle expofé au feu de l'Ar- tillerie .... & perdroit plus

Oh! ne faifons pas mauvaife guerre. Si le Maréchal connoiffoit la Colonne de Folard, notre Auteur, qui connoît la Pléfion, doit fentir que fur ce point la fille a payé pour fa mere; & que quant à la légéreté

en raifon que fa lenteur feroit plus grande. *A cela je n'aurois peut-être ofé répondre :* mais M. le Maréchal de Saxe a pris la peine de le faire. . . . . La Colonne... eft le corps le plus lourd qu'il connoiffe. . . . .

#### 19.

Elle fouffre beaucoup moins du Canon, répondra l'Auteur de la nouvelle Tactique, parceque le fien répond tout autrement qu'on ne peut faire aujourd'hui en marchant. Pourquoi? . . . .

L'effet du Canon feroit-il d'autant plus affuré qu'on l'exécuteroit en marchant plus vîte? . . . .

Les Bataillons peut-être ne peuvent pas mettre auffi leurs pieces dans leurs intervalles?...

fur-tout, il faut à préfent laiffer Folard en paix. Il peut voir dans la fuite du Projet de Tactique ( Articles III, V, VII ) le reproche de pefanteur réduit à l'abfurde ; & remarquer auffi dans le premier Chapitre du Projet, Article IV, & ailleurs, que la légéreté particuliere d'une Pléfion n'eft ni la feule ni même la principale caufe de la légéreté d'une ligne de Pléfions; de forte que quand de Pléfion à Bataillon la vîteffe feroit égale, celle-ci feroit encore dans tous les cas beaucoup moins expofée à l'Artillerie.

La réponfe à cette queftion eft dans les Obfervations XI & XVI.

Tout au contraire.

Ils le peuvent fans doute : mais, pour des Bataillons, des intervalles font des défauts, puifqu'ils découvrent des flancs foibles & alongent encore une ligne déja trop alongée. Si pour votre Canon vous avez des intervalles de 10 toifes, il ne tiendra que 5 Bataillons dans la partie de la ligne qui fans intervalles en auroit tenu 6 : c'eft un inconvénient peu

peu important à la vérité contre notre méthode, qui peut toujours à ces
5 ou 6 Bataillons oppoſer 18 Pléſions. Et il ne faut pas objeêter que
cela raccourcit le front de l'Armée.
Quand on n'auroit pas aſſez répondu
ailleurs à cette objeêtion, il ſeroit
aſſez viſible que des quatre grandes
diſpoſitions indiquées dans la réponſe au quinzieme Extrait, la premiere eſt la ſeule à qui l'on pût l'oppoſer : mais cette premiere diſpoſition la moins eſtimée, comme dit
Végece, ne ſeroit *jamais* employée
que pour des terreins ſerrés, dans
leſquels ce raccourciſſement n'auroit
d'autre effet que d'employer toutes
nos forces pendant que l'alongement
de la méthode ordinaire laiſſeroit
inutile une partie de celles de l'Ennemi. Mais revenons à l'emplacement du Canon.

Notre Auteur, avec beaucoup de
raiſon, blâme dans un autre endroit
qu'il ſoit établi ſur des hauteurs trop
élevées, ou ſur une élévation médiocre en arriere des Troupes qu'il
inquiéteroit & même incommoderoit : il ne veut point non plus qu'on
le mette en avant, où il maſqueroit
& incommoderoit le feu & les manœuvres de l'Infanterie : d'ailleurs,
dans ces deux derniers cas, l'Ennemi *auroit deux objets à battre, le
Canon & les Troupes, ſans qu'il lui
en coutât plus de peine & de travail.*

K

Où le mettrons-nous donc? Toujours dans des intervalles, c'en seroit beaucoup. Notre Auteur est un peu embarraffé de ce Canon, ou plutôt de ces grands fronts de Bataillons, qui en effet font affez embarraffants; & conclut que, quand on ne trouvera pas d'autres emplacements, (& quels autres, puifqu'il les rejette tous?) *il vaudra mieux ouvrir les Bataillons, & les doubler.* Cela eft très vrai; mais c'eft ce qu'a fait d'avance la Phalange coupée & doublée.

L'autre Mémoire d'Artillerie, dont j'ai parlé déja, veut le plus fouvent renvoyer le Canon aux ailes, pour démafquer le front, & laiffer la liberté des mouvements. Nous avons vu (Obfervation XI) un troifieme qui, pour marcher librement à l'Ennemi, laiffe fon Canon derriere la ligne. Avouez donc tous, Meffieurs, que le Canon & les Bataillons ont bien de la peine à s'arranger enfemble; que nous ferions bien plus accommodants; & que, malgré le petit mal-entendu qu'il y a aujourd'hui entre l'Artillerie & les Pléfions, quelque jour elles fe réconcilieront fi bien, qu'elles ne voudront plus fe quitter.

Une très bonne raifon encore, pour que le Canon des Pléfions réponde généralement mieux que celui des Bataillons, c'eft que le plus fouvent il fe trouvera plus nombreux. Quand, par quelqu'une des grandes manœuvres qui nous feront auffi familieres que faciles, une vingtaine de Pléfions arriveront tout-d'un-coup fur le front de 7 ou 8 Bataillons, le petit Canon attaché aux Troupes fuivra dans la même proportion, toujours en avant des intervalles. Les groffes pieces fe préfenteront en même temps en forces fupérieures (a) aux flancs de l'oblique, du perpendiculaire ou des divifions : car, fachant ce que nous voulions faire, nous aurons renforcé la partie décifive en Artillerie comme en Infanterie ; tandis que le Canon de l'Ennemi fera répandu fur fon front, fans préférence pour un ou deux points, qu'il ne favoit pas devoir être fi vivement & les feuls attaqués. Il accourra à la vérité ; mais il arrivera trop tard (b), ou tout au moins perdra une grande partie d'un temps très précieux. Pour conduire ceci jufqu'à pleine démonftration, il faudroit plus de détail & des Planches; mais je peux m'en repofer fur l'intelligence du Lecteur.

---

(a) L'Armée attaquante, dit notre Auteur, a l'avantage de pouvoir difpofer fon Artillerie fuivant un feul point de vue...... L'Artillerie en maffe eft d'une reffource infinie, foit pour l'attaque, foit pour la défenfe. . . . . . Le Général qui attaque eft plus à fon aife fur cet objet que celui qui le défend. . . . Plein de fon projet d'attaque, il difpofe fes forces en conféquence.

(b) » Sans même arriver fi tard, fi l'on » eft obligé d'établir fes batteries fous le » feu de l'Ennemi qui aura eu le temps de » placer les fiennes, on aura pour lors à » fouffrir de fa part, ce qu'il auroit fouf- » fert lui-même pour s'établir «. *Ouvrage fur l'Artillerie déja cité dans les Obfervations.*

K ij

Il faut être doué d'une imagination bien vive, pour se perfuader que des pieces voltigeantes, répandues çà & là, pourront en impofer à de nombreufes & bonnes Batteries.

## RÉPONSES.

D'ailleurs, je reviendrai encore fur ce point dans la Réponfe à l'Ext. 30.

D'après ce que nous venons de voir, en attendant mieux, je laiffe à penfer de quel côté font les pieces voltigeantes, répandues çà & là, de quel côté font les nombreufes & bonnes Batteries. Quiconque, avec un peu de réflexion, n'appercevra pas la fupériorité des nôtres, que notre Auteur lui-même fait fi bien appercevoir, ou ne connoît pas affez notre fyftème, ou véritablement n'eft pas doué d'une imagination bien vive.

Suppofons en effet une Armée moderne, ayant fon Artillerie en 3 divifions fur fon front, une quatrieme en réferve. Suppofons encore que l'Armée des Pléfions qui l'attaque, après s'être approchée parallèlement jufqu'à 250 toifes, préludant de part & d'autre de quelques coups de canon peu intéreffants, tout d'un coup pouffe une ou deux têtes d'attaque perpendiculaire, & en même temps porte brufquement en avant fur les flancs de ces têtes prefque toute fon Artillerie qui, fi-tôt qu'elle eft établie à 150 toifes de la ligne ennemie, commence à tonner fur toutes les Batteries qu'elle apperçoit : que fera l'Ennemi ? Pour porter fon Canon aux points fi tard indiqués, n'eft-il pas vifible qu'il a tout au plus le temps de parcourir

légérement 200 toifes ? qu'une partie de fon Canon fera inutile, tandis que tout le nôtre agira, autant
que peut agir le Canon dans un temps
fi court ? ( *Voyez* Extrait 30.)

Une fupériorité auffi décidée pourroit très bien en impofer à celles des
Batteries ennemies qui, d'abord
bien placées pour l'attaque, ne perdent pas, comme les autres, à courir le temps où elles devroient agir.
Je dis plus : quand le Canon de l'attaqué, au lieu d'être fi inférieur,
feroit égal ou même fupérieur à celui
de l'attaquant, le jeu ne feroit pas
égal entre eux, ce dernier tirant
uniquement aux Batteries, qui ne
lui répondent que de quelques piè-
ces, voulant donner la préférence
aux Troupes qui font l'attaque.
Mais, avec tout cela, je ne fuppofe
point que nous ferons taire le Canon
ennemi. Il me fuffit, & je ne crois
pas qu'on puiffe contefter que ce
Canon, ainfi tourmenté par le nôtre,
& même par la Moufqueterie, ne
fera fur les Troupes qu'une petite
partie de fon effet ; & qu'il fera plus
tourmenté, par conféquent fera
moins d'effet que fi l'attaque fe faifoit de toute autre maniere.

On n'avoit rien vu à la guerre, quand on a pu concevoir
pareille idée.

Je ne peux m'empêcher de répondre qu'il faut voir mes raifons,
fans s'inquiéter de ce que j'avois vu ;
& fonger même, fi quelquefois
elles ont paru fortes, & les Pléfions.

à craindre , que tout cela n'étoit pourtant dans les mains que d'un écolier. Il est très vrai que j'ai fait mon Projet à 23 ans; mais c'est l'âge (a) d'inventer; à 50, on seroit trop prudent : il est vrai aussi que je n'avois vu qu'une Bataille; mais c'étoit celle où 25 grosses pieces, faisant le feu le plus vif sur trois Brigades qui marchoient en trois colonnes à un poste formidable , défendu par des forces très supérieures , ne les empêcherent pas d'arriver sans broncher , & le forcer à l'instant.

20.

*Enfin ,* continue le même Auteur, *supposé qu'un nombre égal de boulets nous fît perdre plus de monde en certaines occasions , cela n'est pas vrai par rapport au Canon à cartouches qui est le plus meurtrier. En*-tendrai-je donc toujours parler ainsi du Canon à cartouches? . . . . Au-delà de 80

A la bonne heure : c'est encore autant de diminué sur le danger du Canon , pour une Troupe qui va à la charge : & les Plésions ne peuvent

(a) Je rapporterai ici un passage de l'Ouvrage cité dans la Note précédente.
» Il croyoit que de jeunes têtes fort peu expérimentées pouvoient donner d'excellents projets que des têtes mûres discutent, & qui, sur leur décision, sont ensuite présentés à l'expérience. . . . . Il faut de l'expérience pour juger & prononcer ; mais, pour former des projets, pour produire, il faut sur-tout du feu & de l'activité dans les idées : & l'âge de l'expérience longue & réfléchie n'est pas

» celui de cette activité. . . . . Si jamais
» il y a eu de maximes meurtrieres pour
» les Arts , ce sont celles qui interdisent à
» la jeunesse le pouvoir de présenter des
» projets «.
Au reste , sur ce point , comme sur plus d'un autre , l'Auteur auquel je réponds , verra aisément que je n'en dirois pas tant pour lui , mais que je profite de l'occasion qu'il me donne de le dire à tous autres qu'il appartiendra.

ou 100 toifes, les cartouches font moins dangereufes que les boulets.

Eft-il bien vrai d'ailleurs que le Canon à cartouches ait plus de prife fur un Bataillon que fur une Colonne ?

## 21.

Le Canon feroit plus de ravage dans les Pléfions ou dans les Colonnes, que dans les Troupes rangées à l'ordinaire. Je ne conclus pas de là qu'il faille s'en tenir opiniâtrément à combattre fur 4 de hauteur : il y a un milieu à tenir.

## 22.

Mais, en qualité d'Officier

effuyer cette forte de feu qu'un inftant, dans lequel, par les raifons que nous avons vues, il fera mal affuré.

Tout bien compenfé, je le crois : puifque, dans les nouvelles épreuves de Strasbourg, les cartouches de différents calibres, & à différentes diftances, ont porté des balles fur un but de planches, long de 18 toifes, il paroît que toutes ces balles, du moins celles qui étoient à hauteur d'homme, auroient frappé le Bataillon, auffi bien que quelques autres qui fe feront échappées à droite & à gauche ; &, de celles même qui ont donné dans les 18 toifes, il n'y en auroit eu guere que le tiers pour le front d'une Pléfion. Mais ce n'eft plus la peine de nous arrêter fur ce point.

En effet, quand le principe feroit vrai, la conféquence ne feroit pas jufte, quoique conforme à la théorie du plus grand nombre, & à une pratique beaucoup plus univerfelle encore. Mais le milieu à tenir, ne feroit-ce point de combattre en Colonnes, lorfqu'on peut aller à la charge fans barguigner ; & de fe tenir développé dans le cas de donner & recevoir plus long-temps le feu de l'Artillerie & de la Moufqueterie ? Quelquefois on difpute faute de s'entendre.

Je le crois. Mais cela ne prouve

d'Artillerie, je fouhaite avoir toujours à tirer contre des corps profonds.

rien contre nous. En effet, ces corps feroient, ou, comme les Pléfions, en ligne avec des intervalles affez petits, mafqués, puis remplis par les Grenadiers & Chaffeurs ; ou feroient, comme nous ne les plaçons point, féparés par de grands intervalles, & ifolés. Dans ce dernier cas, vous pointeriez à votre aife, réuniffant fur chaque corps les coups qui, s'ils euffent été plus déployés, auroient été partagés fur une ligne plus étendue ; &, quoiqu'une partie des boulets fe perdît dans les intervalles, fans doute vous feriez beaucoup de fracas. Dans le cas où font les Pléfions, il ne s'agit pas de pointer ainfi fur elles, comme nous l'avons affez prouvé. Mais cela n'empêche pas que le Canon ne faffe plus d'effet que fur une ligne mince de même étendue, qui, deux ou trois fois moins nombreufe, & par conféquent ayant deux ou trois fois moins d'hommes expofés au Canon, perdroit moins dans le même rapport, quoique la perte fût égale pour chaque corps, auffi bien que le danger pour chaque individu. ( *Voyez* Obfervation XIII. ) Il eft donc très vrai que telle batterie tuera plus de monde dans une forte ligne de Pléfions, qu'elle n'auroit fait en temps égal dans une foible ligne de Bataillons. Mais fi par cette raifon, comme Officier d'Artillerie, on defire de voir

arriver fous fon feu des corps profonds , & on voit avec plaifir tant
d'ennemis en prife à fes boulets;
comme Officier d'une Armée qui
defire de n'être pas battue , on doit
leur voir avec chagrin dans la partie
où va fe décider la victoire , une
fupériorité de forces qui ne peut
manquer de la leur donner. Je prie
l'Auteur de faire attention à ceci , &
bien pefer l'Obfervation à laquelle
je viens de renvoyer. J'ofe efpérer
que nous finirons par nous trouver
à-peu-près d'accord , & qu'il ne me
fera plus l'objection que dans le fens
dans lequel je l'accepte , & dans lequel on peut la faire à toute bonne
difpofition : ou plutôt cette remarque du plus grand effet du Canon
fur une ligne plus forte qui , réduite
à ces termes , eft très jufte , ne fera
plus une objection.

**23.**

Sur quoi eft fondé le fecret
admirable de doubler les rangs
quand on eft battu en flanc
par l'Artillerie , & les files
quand on eft battu de front ?

Non feulement je ne l'admire
point , mais je l'abandonne volontiers. C'eft une regle que je voyois
dans deux Auteurs , énoncée comme chofe reçue , & que , fans au-
trement l'époufer , j'oppofois à l'idée
que la profondeur donne plus de
prife au Canon. C'étoit combattre
l'opinion par l'opinion ; & ce fecours
ajoutoit peu à des raifons J'y pre-
nois même fi peu d'intérêt, que, dans
ce moment , je ne fuis pas fort fûr
du nom des deux Auteurs , & n'ai
nulle envie de rechercher les paffa-

L

ges dont il s'agit. Au reste, s'il falloit justifier cette regle, je dirois,
d'après celui même qui la rejette,
que, puisque les bonnes pieces à
200 toises emportent 12 hommes,
les petites 4, 1°. un Bataillon à 4
de hauteur a tout son monde en prise
à tous coups, & après avoir doublé,
n'en a plus que la moitié en prise
aux coups des petites pieces qui
prolongent les files ; 2°. que deux
Bataillons à 6 de hauteur, l'un derriere l'autre, s'ils doublent encore
pour former la Colonne de 24, n'ont
plus tout leur monde, mais seulement la moitié en prise aux coups
directs & rasants des bonnes pieces ;
3°. que tout cela suppose encore
qu'il ne se perde point de boulets
dans les intervalles, ce qui ne peut
pas être entiérement vrai ; que même si on est à 3 ou 4 cents toises de
la Batterie, puisqu'à cette distance
on ne peut bien pointer sur de petits
fronts, il doit s'y en perdre environ
la moitié, si on a doublé par petites
divisions.

Quant au doublement des rangs,
étant battus de flanc, il est clair que
le Bataillon plus mince de moitié
donne en ce sens moins de prise ; &
qu'il importe peu que les rangs pro-
longés par les boulets soient de
2 cents hommes au lieu de cent,
puisqu'ils n'en emporteront jamais
que 12.

**24.**

Pour décréditer fans ref-
fource l'Artillerie , on nous
oppofe les catapultes; & voici l'argument qu'on femble
faire. L'Artillerie caufe moins
de mal que n'en faifoient les
catapultes: cependant les bons
Généraux de l'antiquité ne
tenoient aucun compte de ces
groffes armes de jet : donc , à
plus forte raifon , n'en doit-
on faire aucun de l'Artillerie. . . . . .

Je n'ai jamais prétendu décréditer
l'Artillerie. Mais il eft très vrai que
je voudrois bien qu'elle ne s'accré-
ditât pas au point de faire croire à
l'Infanterie , qui tant de fois en a
effuyé le feu des heures entieres ,
qu'elle ne peut le foutenir 4 minutes; & qu'il lui fera néceffairement
manquer la charge , fur-tout fi elle
la fait dans l'ordre le plus avantageux , & en forces fupérieures. Ce
n'eft pas mon opinion qui décrédite
l'Artillerie , mais celle que je combats , qui décrédite, & , qui pis eft ,
décourage & affoiblit l'Infanterie ,
enleve même à notre Nation fon
principal avantage fur fes Ennemis.
Puiffe cette prévention outrée pour
le Canon n'enivrer qu'eux ! Du refte,
excepté ce pouvoir magique de faire
en fi peu de temps un fi grand effet ,
que même je n'avois jamais vu l'Artillerie articuler auffi pofitivement
que dans l'Extrait 4 , je lui accorderai volontiers tout ce qu'elle voudra
prétendre : il eft vrai que cette
difcuffion m'a obligé à réduire à fa
valeur l'effet du Canon dans les combats plus longs , pour montrer d'autant mieux à quoi il fe réduiroit
dans les plus courts.

J'ai dû remarquer , dans le Projet
de Tactique , que tous les grands

L ij

## RÉPONSES.

Généraux de l'Antiquité, auffi bien que ceux du fiecle paffé, ont toujours marché à l'Ennemi, fans jamais, de propos délibéré, s'amufer au combat d'armes de jet. Et, comme on n'auroit pas manqué, par rapport aux premiers, d'objecter qu'ils n'avoient ni Canons ni Fufils, il étoit naturel d'obferver que leurs armes de jet étoient beaucoup moins méprifables qu'on ne le fuppofe; que les fleches des Parthes détruifirent l'Armée de Craffus, tout auffi bien qu'auroient pu faire les fufils des Pruffiens; en un mot, qu'il n'eft point du tout prouvé que les Anciens, avec nos armes de jet, euffent moins recherché la charge.

J'ai dit encore qu'une catapulte, jettant fur une groffe phalange cent livres de pierres, faifoit plus d'effet qu'un coup de Canon à cartouches. Veut-on que cette propofition foit fauffe? Je l'abandonne volontiers. J'avoue même qu'entraîné par Folard fur ce point, qui n'étoit pas des plus effentiels à mon affaire, j'ai pu accorder trop légérement aux catapultes beaucoup plus qu'il ne leur appartenoit. Mais, que peut-on en conclure pour le Canon ou contre les Pléfions? J'ai dit mal-à-propos que ces machines étoient de grand effet dans une bataille; à la bonne heure: mais cela n'empêche pas que la Pléfion ne renverfe le Bataillon,

Une preuve fans réplique que les catapultes . . . . ne produifoient rien de fort confidérable en Bataille rangée, c'eft que, dans toutes les Hiftoires anciennes, il n'eft pas dit une feule fois qu'elles aient décidé du gain d'une affaire....

Au contraire, l'Artillerie, dès les premiers temps de fon invention, a fait remporter des victoires. . . . . Et qu'on ne dife pas que ces premiers fuccès ne font dus qu'à fon bruit effrayant dans la nouveauté, . . . . . . .

puifque l'Artillerie a fait gagner ou perdre un grand nombre de batailles. . . . .

ni ne prouve qu'elle fera détruite par le Canon.

Non. Mais, quoique le Canon leur foit fort fupérieur, tout en faifant plus de mal qu'elles ne feroient en même circonftance, il pourroit bien ne pas décider davantage, furtout dans les affaires qui fe décident promptement par une charge. Il faut confidérer auffi que l'on ne voit point chez les Anciens de corps de Catapultiers, dont l'exiftence & les talents auroient beaucoup augmenté fans doute, & les effets de ces machines, & leur *renommée*.

S'il eft vrai que 4 pieces de fer, les premieres qu'on ait vues en bataille, donnerent aux Anglois la victoire de Creci, que leur attribuent en effet quelques Hiftoriens, ne laiffant pas pourtant d'en donner en même temps beaucoup d'autres raifons, il faut bien que la premiere apparition de ce tonnerre ait jetté dans l'Armée Françoife le défordre & l'épouvante. Sans cela, comment 4 mauvaifes pieces, fans doute affez mal fervies, auroient-elles plus décidé, qu'entre deux moindres Armées ne déciderent depuis, 25 ou 30 bonnes à Novarre?

Laquelle, par exemple? De toutes celles que l'Auteur a rapportées, ou dont j'ai pu parler moi-même dans ce petit Ouvrage, je ne vois que Caffano dont on puiffe lui attribuer

réellement la décifion, & Deltingen qu'elle auroit pu décider encore mieux. Je fais qu'il arrive fouvent que les relations lui attribuent
telle victoire ; & que, comme dit
notre Auteur, (*Voyez* Extrait 16.)
on les laiffe dire fans les croire. C'eft
au Lecteur Militaire & impartial à
juger, d'après le récit des Hiftoriens, des véritables & principales
caufes d'une défaite : mais il fe
tromperoit fouvent, s'il s'en tenoit
à celles qu'ils choififfent : &, par
exemple, à les en croire, un affez
grand nombre de batailles fur terre
ont été déterminées par l'avantage
du vent.

Je ne crois donc pas fur leur parole que 4 mauvais Canons aient
gagné la bataille de Creci. De même je les laifferai dire que 4 pieces
à la Suédoife gagnerent celle de
Fontenoy : le fait n'eft ni vrai, ni
croyable : elle fut gagnée au moment
où, par les circonftances, elle devoit
l'être. Les 4 petits Canons tinrent
très bien leur place bien choifie, &
au moment le plus intéreffant ; &
contribuerent au fuccès pour leur
petite part : les charges de Cavalerie
& d'Infanterie y contribuerent beaucoup davantage.

Au refte, fi je refufe à l'Artillerie
le droit de décider les batailles, ce
n'eft point du tout pour l'offenfer :
& je la prie de remarquer que je ne

l'accorde pas beaucoup davantage à la Mousqueterie : en quoi je suis les traces du Maréchal de Saxe, & même du Roi de Prusse qu'on a cru si long-temps tout occupé de son feu. L'un & l'autre nous disent que l'on gagne des Batailles avec les jambes, non avec les bras ; en marchant à l'Ennemi, & non pas en brûlant de la poudre de loin. Je sais bien que, si deux Armées restent de pied ferme, se passant réciproquement par les armes, le combat ne sera pas décidé par une charge. Qui donc déterminera la victoire ? Rien. L'action finira, parcequ'il faut bien que tout finisse. Une des deux se retirera, n'en ayant pas beaucoup plus de raison que sa rivale ; &, comme disoit souvent à ses Officiers Généraux le Vainqueur de Bergen, le champ de Bataille demeurera *au plus entêté*.

Mais de ce que l'Artillerie n'est point capable de décider les Batailles, si ce n'est dans quelques cas particuliers, & assez rares, s'ensuit-il qu'elle soit inutile, & qu'on doive, comme disoit tantôt notre Auteur, la bannir de la guerre de campagne ? En un mot faut-il absolument lui accorder tout ou rien ? Elle a assez d'occasions d'être utile ; &, sans compliment ni palinodie, les saisit assez bien, principalement l'Artillerie Françoise, pour se contenter de sa part dans les Batailles ordinaires (a).

Ceci me fait fonger à faire fur ce point ma profeffion de foi, tant pour me réconcilier avec elle, que pour me difculper de la déraifonnable prévention qu'on me fuppofe, & qu'on ne me fuppoferoit pas fans quelque apparence, fi on me voyoit toujours envifager l'Artillerie par un feul côté, le feul ; à la vérité, qui intéreffe mon affaire ; mais auffi le feul qui lui foit moins avantageux, & fur lequel il foit néceffaire de détromper le grand nombre trop prévenu pour elle.

Je crois donc amplement prouvé, par le raifonnement & l'expérience, que dans les Batailles l'effet du Canon eft, pour l'ordinaire, affez médiocre, lors même qu'elles fe prolongent à certain point ; d'où il fuit, à plus forte raifon, que, dans un combat fort court, il eft prefque nul. Mais ce feroit pour une Armée un bien grand défavantage, fi fon Artillerie étoit trop inférieure en quantité ou qualité ; principalement parcequ'elle ne pourroit l'oppofer avec fuccès à celle de l'Ennemi pour diminuer de beaucoup fon effet quelconque.

---

(a) » Lui attribuer tout, dit ailleurs notre Auteur, & ne lui attribuer prefque rien, font deux excès également blâmables. J'ai, ce me femble, affez bien ménagé mes expreffions, pour que les » perfonnes non prévenues jugent que je me fuis tenu dans le jufte milieu «. Je prétends, comme lui, à ce jufte milieu : c'eft au Lecteur non prévenu à juger fi j'y fuis.

D'ailleurs

D'ailleurs il eſt des cas particuliers
où le Canon a le premier rôle , &
peut très réellement donner la victoire. Nous en avons vu ci - deſſus
deux exemples que je n'ai nullement
cherché à diſſimuler.

Il en eſt d'autres encore où une
Armée n'étant abordable que par un
débouché aſſez ſerré , & y raſſem-
blant toute ſon Artillerie , elle ſeule
doit gagner la Bataille , ſi l'Ennemi
oſe tenter l'aventure. Je pourrois
citer dans différents pays aſſez bon
nombre de telles poſitions. Il eſt
probable , à la vérité , que , dans
ce cas , il n'y aura point de combat ,
& que l'Armée ainſi poſtée ſera reſ-
pectée par l'Ennemi , même très ſu-
périeur. Mais elle le doit à ſon Artillerie , ſans laquelle ce poſte , quoique toujours très avantageux , ſeroit
beaucoup moins formidable.

Si , dans ce cas de défenſive , elle
peut donner moyen de ſe maintenir
ſans combat , dans l'offenſive auſſi
ſouvent ſeule elle donnera moyen
de combattre ; de maniere qu'on lui
devra une victoire , à laquelle , dans
l'action même , elle ſemblera peu
contribuer. A Sintzheim , par exemple , notre Artillerie fit peu de
choſe dans l'action même. Mais je
crois que , ſans elle , cette affaire
n'auroit pas eu lieu, les préliminaires
étant impoſſibles : car , ſi les 6 pieces
établies en-decà de la riviere n'a-

M

voient écarté les Ennemis de la croupe en avant de la ville, Turenne n'auroit pu déboucher & se former sur cette croupe même, pour aller les attaquer sur la crête.

De même balayant une anse de riviere, au fond de laquelle on veut jetter un pont, l'Artillerie seule en force le passage. De même encore elle empêche ou favorise le débouché d'un défilé quelconque. Je ne finirois pas si je voulois parcourir tous les succès dont elle est la principale cause, que je n'ai jamais prétendu méconnoître.

Mais si, à différents points d'une ligne, il y a un assez grand nombre de parties accessibles, sur-tout pour une ordonnance peu délicate en terreins, & très pénétrante ; si en conséquence l'Artillerie est distribuée sur tout le front, sans être en forces excessives aux points que l'on veut attaquer ; si l'Attaquant emploie bien la sienne ; si enfin il brusque l'attaque, & une fois à bonne portée marche légérement & sans tâtonner ; il faut être de bon compte, & quelque zélé ou prévenu qu'on soit pour le Canon, convenir que cette arme à d'autres égards si utile, en d'autres circonstances si formidable, perd presque toute son influence, contribue peu à la victoire, & n'est nullement capable de la ravir à celui qui, par la supériorité de ses dispo-

fitions, a le plus de droit d'y prétendre.

C'eſt donc fans ignorer le mérite
très réel de l'Artillerie, fans avoir
le projet abſurde de la décrier, que
je perfiſte à foutenir que, dans les
Batailles ordinaires, & à plus forte
raifon dans celles qui feront promptement décidées par une charge, en
vain elle prétendroit le rôle principal; il faut qu'elle fe contente d'être
un acceſſoire, & de contribuer à la
victoire pour fa part, plus ou moins,
felon qu'elle fera plus ou moins bien
placée & fervie, qu'elle fera plus
ou moins nombreufe, & fur-tout,
on ne peut aſſez le répéter, qu'elle
agira plus ou moins long-temps.

J'efpere que l'eſtimable Auteur
auquel je réponds, eſt à préſent plus
content de moi, & me trouve moins
anti-canon, qu'il ne m'avoit vu
d'abord. Mais s'il m'en demande
plus, nous ne ferons jamais d'accord.

Sans doute, il faut combiner un
fyſtême, de maniere à donner à fon
Artillerie le plus grand avantage, à
celle de l'Ennemi le moindre poſſible : bien entendu que ces deux principes évidents, mais acceſſoires, ne
feront pas outrés aux dépens des
objets principaux; & qu'on n'ira
pas, par exemple, en conféquence
du fecond, fe mettre fur 2 rangs,
ou en conféquence du premier,

**25.**

Il s'enfuit qu'elle doit influer dans tous les fyſtêmes
de Tactique, & faire un des
grands objets du Général attentif dans fes difpofitions,
pour toutes les actions un peu
importantes de la Guerre de
campagne.

M ij

prolonger à plaisir les combats.

On doit appercevoir, par les pro-
priétés de mon système, que j'ai eu
le Canon devant les yeux autant que
le demande notre Auteur. Si je ne
m'en étois continuellement occupé,
il feroit assez singulier que la Pléssion
se trouvât l'ordonnance la plus rapprochée de celle de la marche, par
conséquent moins long-temps qu'une
autre en prise au Canon, dans le cas
de se mettre en Bataille à portée ; la
plus propre à expédier le combat,
&, par ce moyen, se dérober promptement à sa furie ; la plus commode
pour marcher & manœuvrer de nuit,
temps auquel j'admettrai volontiers
qu'on doit faire les dispositions &
les approches, s'il s'agit de marcher
à découvert sur un front trop rem-
paré de Canon ; la plus capable par
sa mobilité, sa variété, & la peti-
tesse de son front, de se porter brus-
quement en forces supérieures sur
quelques points de la ligne ennemie,
laissant les autres & ne combattant
qu'une partie de ses Troupes & de
son Artillerie, au lieu de marcher
à cette ligne à la maniere des Bataillons, bien parallèlement étalés pour
ramasser tous ses boulets. Enfin, le
Tacticien le plus occupé du Canon
auroit-il pu faire plus pour lui, que
de pratiquer à chaque pas des intervalles, dans lesquels il peut se placer & agir librement, en si grand

nombre qu'on voudra, fans alon-
ger, affoiblir, ni empêtrer l'ordre
de Bataille, comme cela arriveroit
aux Bataillons auxquels on voudroit
donner aufli libéralement le même
accompagnement ? que de ménager
à la fuite de chaque Troupe de petites réferves de Cavalerie & d'Infanterie qui, étant hors de ligne,
font toujours prêtes, fans rien arrêter ni déranger, à voler au fecours
des batteries, & leur donnent
moyen d'agir plus long-temps, plus
hardiment, & de plus près ?

### 26.

Vous vous êtes donné trop
de peine, dira-t-on, pour combattre un fentiment mieux détruit par l'ufage univerfel de
l'Europe, que par tous vos difcours. Qu'importe ce qu'ont
écrit deux ou trois Auteurs
Militaires, ou ce que penfent
quelques particuliers contre
les effets de l'Artillerie dans
les actions de guerre, quand
les Généraux ne peuvent en
avoir affez dans les Armées
qu'ils commandent ?

Oferai-je répondre que la
conduite de plufieurs en cela
n'eft pas toujours d'accord avec
ce qu'ils penfent en fecret ? On
veut beaucoup de Canon,
parceque l'Ennemi en a beaucoup : mais on médite peu fur
le meilleur ufage qu'il faudroit

Tout cela pourroit prouver que
mon opinion n'eft pas la plus à la
mode : malgré cela, on peut fe donner la peine de la combattre par des
raifons, en attendant qu'elle foit
véritablement détruite par l'expérience : ce qu'on pourroit attendre
long-temps, puifque cela n'eft pas
encore arrivé, quoique la façon de
combattre, actuellement à la mode
aufli, foit la plus avantageufe de
toutes à l'Artillerie, à qui on donne
tout le temps d'opérer.

en faire; on compte médiocrement fur fes effets : après
l'événement heureux, *on laiſſe
publier ſans le croire*, que le
gain de la Bataille eſt en partie
dû à l'Artillerie, ou l'on attribue ſes ſuccès à des caufes
qui lui ſont étrangeres. S'il
m'étoit permis de demander
aux Officiers *Généraux* ce
qu'*ils* en penſent, combien me
répondroient que le Canon eſt
utile au commencement d'une
affaire, pour étourdir & ani-
mer les Troupes; que c'eſt une
eſpece d'inſtrument militaire
qui doit préluder aux actions
vigoureuſes; mais qu'on n'en
tire pas grand avantage après
cela, & qu'il ne peut jamais
décider de rien !

A parler franchement, mille
relations de Batailles, où l'on
dit, il y avoit un grand nombre de piecces qui ont fait de
part & d'autre le feu le plus
vif pendant pluſieurs heures,
& cependant la perte a été légere des deux côtés, doivent
confirmer cette fauſſe idée
dans l'eſprit de ceux qui attribuent à l'arme même ce
qui vient de la mauvaiſe maniere de s'en ſervir.

Tout ceci eſt très remarquable.

En effet, tant de bruit pour faire
ſi peu de mal ne s'accorde guere
avec les calculs du quatrieme Extrait.
Mais, ſi l'ón cherche les caufes de
la médiocrité de l'effet, deſquel-
les nous avons remarqué pluſieurs
dans les Obſervations ; on remar-
quera auſſi que, malgré les ſoins &
l'habileté des Officiers d'Artillerie,
à qui depuis long-temps ni les ſoins
ni l'habileté ne manquent pas, principalement en France, ces mêmes
caufes ſubſiſteront toujours. J'admets qu'on parvienne à les diminuer
à certain point, & augmenter d'au-

tant l'effet du Canon : mais si en même temps un nouveau système de Tactique diminue encore davantage cet effet, ne laissant plus à l'Artillerie le loisir de faire grand feu pendant *plusieurs heures*, elle se trouvera ; tout bien compensé, au même point, de tuer sur une grande Armée quelques centaines d'hommes.

S'il est quelque Militaire qui ne sente pas ce qu'on doit à l'Artillerie, de soins, de ménagements, de reconnoissance, & sur-tout de confiance, par rapport à ses manœuvres & dispositions, que les Officiers d'Artillerie possedent mieux apparemment que quiconque n'en est pas, comme eux, occupé toute sa vie ; cet inconvénient est très contraire à l'intention des Tacticiens ; & ceux qui ont pris cette déraison dans leurs Ouvrages, les ont lus bien superficiellement.

De là quelquefois si peu d'attention pour l'Artillerie dans les marches & dans les quartiers, si peu de ménagement . . . . de reconnoissance . . . . tant de facilité à la soumettre à des personnes qui l'obligent à des mouvements & manœuvres tout-à-fait contraires au bien du service..... Ces inconvénients.... prennent, pour la plupart, leur source dans les impressions fâcheuses que font des Ouvrages accrédités & bons d'ailleurs, ou dans les discours de ceux qui en ont adopté les principes.

En m'efforçant de venger l'Artillerie des Objections mal fondées qui ont été faites, je suis bien éloigné de souscrire à la maxime *moderne*, qu'il faut la multiplier dans les Armées, & qu'elle seule doit décider la victoire à l'avenir.

S'il est un seul combat que l'Ar-

Quelque favorable que foit cette maxime au Corps où j'ai l'honneur d'être attaché, elle eft trop contraire aux folides principes de la guerre, & en particulier au génie qui a tant de fois fait. triompher notre Nation, pour que je l'admette jamais. C'en eft fait de l'Art Militaire, fi on le réduit à la *feule* méthode de bien employer fon feu. Tôt ou tard les Nations qui s'*enivrent* de cette méthode, feront domtées par celle qui faura s'en tenir à la bonne combinaifon de l'Infanterie, de la Cavalerie & de l'Artillerie, & à l'ufage bien raifonné des armes blanches & des armes à feu.

tillerie ne doive pas décider, n'eft-ce pas celui qui fera promptement décidé par une charge ? Je n'ai pas befoin de lui refufer autre chofe, & nous fommes d'accord.

Tout ceci eft fort raifonnable, & mérite beaucoup d'attention.

### 27.

On ne doit employer à la guerre que des pieces de Canon qui puiffent, à la diftance de 200 toifes, emporter au moins 3 ou 4 hommes de file....

Dans les Obfervations, je voulois bien fuppofer qu'un boulet pût emporter une file de Pléfion ; après cela, j'ai remarqué, d'après notre Auteur, que c'étoit trop accorder, & qu'il ne peut emporter que 12 hommes. Voici à préfent les petites pieces qui, à 200 toifes, n'en peuvent emporter que 3 ou 4, ce qui fait encore une bien plus grande réduction, de laquelle le Lecteur voudra bien fe fouvenir en relifant l'Obfervation XIII.

A

A 400 toifes, les coups de Canon font peu affurés; à 200, ils commencent à devenir certains; ils ne font bien meurtriers qu'à 100.

Ceci n'eft pas moins bon à attacher à l'Obfervation XIV, & même à ne pas perdre de vue dans toute cette difcuffion.

### 28.

Si j'étois le maître de former le Parc d'Artillerie pour une Armée de 80 ou 90 Bataillons & 100 Efcadrons, je prendrois 6 pieces de 16, 30 de 12, 54 de 8, 36 de 4 ordinaires, & 6 obufiers. Il ne faut pas un plus grand nombre de pieces de 4 au Parc, *puifque l'on en veut donner aux Régiments d'Infanterie.*

## NOMBRE DE PIECES

#### POUR UNE ARMÉE DE CENT BATAILLONS.

*Nouveau Syftême.* *Armée de Flandre* 1748.

| PIECES LÉGERES. | PIECES ORDINAIR. |
|---|---|
| de 12 . . . . . 60. | de 12 . . . . . 30. |
| de 8 . . . . . 80. | de 8 . . . . . 30. |
| de 4 { au Parc. 60. | de 4 . . . . . 8. |
| de 4 { aux Rég. 200. | à la Suédoife . . |
| Total . . 400. | Total . . 116. |

Telle eft la regle donnée par un habile Officier d'Artillerie, très zélé, & peut-être un peu prévenu pour le Canon, mais trop éclairé pour ne pas fentir l'abus de le multiplier à l'excès, & de croire à la maxime moderne, qu'il doit feul décider les Batailles. Il fait entendre, comme on voit, qu'il n'approuve pas le Canon donné aux Régiments d'Infanterie; &, dans des Lettres qui font à la fuite de fon Ouvrage, il appuie cette idée de maintes bonnes raifons que je ne répéterai point ici. C'eft là qu'il obferve que » la moi- » tié au moins de ce nombre de pie- » ces fera inutile, non feulement » dans le cours de chaque Campa- » gne, mais dans les actions les plus » générales & les plus décifives «. C'eft là qu'il dit que » l'Artillerie at- » tachée aux Régiments ne peut être » trop légere de quelque côté qu'on » l'envifage: plus on épargnera fur » ce point, plus on méritera d'élo- » ges; car elle coutera toujours trop » en conftruction & en munitions » pour l'avantage que l'Etat en reti-

N

» rera dans les Batailles «. Il remarque encore que le Maréchal de
Saxe, assez prévenu pour les pieces
à la Suédoise, les rejettoit avec dé-
dain, après en avoir fait l'expérience
à la guerre; & que l'avantage de la
légéreté n'a pu les soutenir contre
l'usage de la piece ordinaire de 4,
*préjugé bien défavorable aux pieces*
*de 8 & de 16 courtes.* Ce préjugé n'est
pas moins défavorable aux pieces des
Régiments, qui sont moyennes entre le 4 long & les Suédoises. Aussi
prétend-il que 50 pieces de 4 du
Parc *feroient plus de mal aux Enne-*
*mis que* 160 *attachées constamment*
*aux Bataillons.*

Sur ces principes, il préfere, des
deux états ci-joints pour une Armée de 100 Bataillons, les 156 pieces aux 400. Je ne déciderai point
une question qui fait schisme dans
l'Artillerie, & n'est pas de ma com-
pétence. Je ne m'attacherai point
trop à celle des deux versions qui
m'est la plus favorable; mais je crois
pouvoir au moins supposer, d'après
ce schisme entre les Maîtres de l'Art,
que les deux opinions sont plausi-
bles, & par conséquent qu'entre
les deux systèmes, il n'y a pas une
très grande différence d'avantage. De
sorte que, supposant que les 156
pieces, dont 10 Suédoises, ne sont
pas tout-à-fait équivalentes aux 400,
il ne faudroit pas, pour attraper l'é-

quilibre, plus de 180 bonnes pieces.

Cela pofé, il faut premiérement remarquer, comparant cet état à tous ceux de la troifieme Obfervation, qu'il n'eft point du tout vrai qu'on doive regarder l'Artillerie aujourd'hui comme étant de beaucoup plus forte & plus nombreufe qu'elle n'étoit autrefois, par conféquent, méritant de la part de l'Infanterie une toute autre confidération. Il faut remarquer fecondement que, quand on nous jette à la tète les 300 pieces de Canon d'une Armée, & que l'on compte par ce feul mot avoir confondu les Pléfions, nous pouvons réduire le nombre à moitié, puis raifonner.

Il fuit de ce principe, qui paroît évident, que les petits Canons des Régiments, foibles & fort répandus fur tout le front de la ligne, ne peuvent avoir un effet décifif; que ceux des Pléfions qui du moins feroient plus raffemblés, & fe protégeroient davantage, auroient au moins un peu plus d'effet.

Voilà fans doute la meilleure difpofition que l'Ennemi puiffe faire de fon Artillerie, de laquelle par conféquent nous n'avons rien de pis à craindre. C'eft auffi celle que nous allons combattre, comme c'eft celle que nous avons déja fuppofée dans la Réponfe à l'Extrait 19.

### 29.

Pour que l'Artillerie ait un effet décifif, il faut que les Batteries foient fortes, & qu'elles fe protegent réciproquement.

### 30.

Quand le terrein eft à-peuprès égal fur tout le front de la Bataille, on doit partager toute l'Artillerie en 4 divifions, une pour chaque aile, la troifieme pour le centre, & la quatrieme en réferve, tellement difpofée, qu'on la puiffe porter, aifément & fans retard,

N ij

par-tout où il fera befoin . . . .
à chaque aile, ainfi qu'au centre, 10 de 12, 12 de 8, 8 de
4, & à la réferve 6 de 16, 18
de 8, 11 de 4, & les 6 obus . . . .
La réferve d'un certain nombre de pieces eft pareillement
un objet effentiel. . . . .
Quand on eft obligé de tirer
des Troupes & du Canon d'une
droite ou d'une gauche . . . .
outre les longueurs . . . . .
l'Officier Général qui y commande a toujours des oppofi-
tions à faire . . . . cependant
le temps fe perd, l'occafion
de battre s'échappe, ou l'on
manque la reffource qui auroit
empêché d'être battu. . . .

Dans une plaine découverte
& d'une lieue de longueur,
les divifions de l'Artillerie,
placées au centre & aux ailes,
pourroient fe croifer fur les
Troupes qui voudroient attaquer à égales diftances des
unes & des autres, puifque
cette diftance ne feroit que
de 500 toifes au plus : car on
n'eft pas toujours obligé de
fe porter précifément à l'extrémité des ailes ;

Il y a ici du mécompte, & qui
tire à conféquence : car, fuppofant
même les divifions d'aile, non pas
précifément à l'extrémité, mais au
centre de ces ailes qui tiendront
chacune 600 toifes, & l'Infanterie
1200 pour remplir notre lieue ; la
diftance de la divifion du centre à
chacune des deux autres, avec qui
elle prétend croifer fon feu, n'eft
pas feulement de 500 toifes, mais
de 900 ; fur quoi déduifant l'étendue du front d'une divifion, il refte
de vuide plus de 800 toifes : ( mais,
pour bien compter, il faudroit s'en
tenir à 900, diftance du centre de
l'une à celui de l'autre.) Encore faut-

il obferver que l'Armée fuppofée, fi elle fuit réellement la méthode ordinaire, tiendra bien plus que les 2400 toifes : car, fi elle a 40 Bataillons à chaque ligne, 10 en réferve, ces 40 Bataillons à 3 de hauteur rempliront feuls cette étendue, fans même les fuppofer très forts, ni faire attention aux intervalles néceffaires pour le petit Canon, ni fuppofer que les bonnes pieces foient dans la ligne, quoique nous ayons établi ailleurs qu'elles feroient mal placées devant ou derriere. Il nous faut pourtant place encore pour la Cavalerie. L'Armée doit donc tenir tout au moins une lieue & demie, ce qui portera l'intervalle des divifions d'Artillerie à plus de 1200 toifes.

& les Troupes attaquantes occupent un certain front.

Oui, fi l'attaque fe fait par des Bataillons : mais une attaque oblique, perpendiculaire, ou par divifions de Bataille, arrivera fort bien fur 5 ou 6 Pléfions de front, tenant tout au plus une centaine de toifes. De forte que, dans la fuppofition de l'Auteur, la plus voifine de fa Batterie en feroit à 200 toifes; & que l'intervalle étant de 800 toifes au lieu de 500, la même Troupe en feroit à 350; & en feroit à 550, fi l'Armée étant véritablement dans l'ordre habituel des Modernes, ces mêmes intervalles étoient de 1200 toifes.

Ce n'eſt pas tout : ces diſtances ſont meſurées ſur la ligne attaquée, par conſéquent ſont effectivement la diſtance des Batteries aux Attaquants au moment du choc : mais, lorſqu'ils ſont encore éloignés, le chemin des boulets eſt l'hypothe-nuſe du triangle, plus longue que la baſe : de ſorte, par exemple, que, quand il ſeroit vrai que le point attaqué fût à 200 toiſes des Batteries, les Attaquants, encore à 200 toiſes de ce point, ſe trouveroient à 180 des Batteries.

Ce feu croiſé, quoiqu'un peu éloigné pour un effet dé-ciſif, ne laiſſera pas de les inquiéter conſidérablement,

Beaucoup trop éloigné même. Vous convenez qu'à 400 toiſes les coups ſont peu aſſurés, qu'ils ne commencent à l'être qu'à 200, ne ſont bien à craindre qu'à 100 : donc ils ne ſont rien à 550, ni même à 350 toiſes; & ne ſeroient pas encore très formidables, dans le cas même où on en ſeroit d'abord à 300, puis, joignant l'Ennemi, un inſtant très court à 200. Ils inquietent : d'accord. On aimeroit bien mieux n'être pas canonné : mais, pendant cette marche très courte, ces Batteries inquié-tantes ſont elles - mêmes bien plus inquiétées par les nôtres.

& donnera le temps d'avancer du Canon de réſerve, qui doit être au moins en partie fort à portée de ces points intermé-diaires.

Cet effet non déciſif de votre Canon ne vous donnera point le temps d'en avancer d'autre, & ne retardera point la marche de l'attaque. La premiere de Lawfelt ne fut point re-tardée par une Batterie plus forte,

& moins éloignée que celles dont nous parlons. La pluie ne fait que hâter la marche de ceux qui craignent de se mouiller. L'Auteur semble insinuer ici que la réserve d'Artillerie sera placée en deux parties, au centre des distances entre les divisions, ce qui est le mieux sans contredit. Une de ces demi-réserves se trouve donc fort à portée du point attaqué ; &, supposant que l'attaque commence à se démasquer à 250 toises, & devienne bien visible à 200 (*a*) ; que la demi-réserve qui étoit en interligne, ne perde pas un moment à se placer & agir ; elle pourra canonner l'attaque pendant le temps de parcourir au pas redoublé 100 toises, ou tout au plus 150, c'est-à-dire pendant trois minutes : mais, outre qu'en si peu de temps 18 pieces ne peuvent pas faire un effet bien décisif sur une trentaine de Bataillons, sur-tout en pareille circonstance (*voyez* Observations XI, XIV, XVI ), il faut remarquer que celui qui projettoit cette attaque n'y aura pas plus épargné l'Artillerie que l'Infanterie. ( *Voyez* la Réponse à l'Extrait 19. ) De sorte que les 18 pieces, dès quelles se présenteront, seront saluées par une trentaine qui se présenteront plutôt encore aux

(*a*) Elle ne peut être si-tôt visible, même aux meilleurs yeux, si l'Attaquant prend quelque soin de la leur cacher.

**RÉPONSES.**

flancs de l'attaque, & tireront uniquement fur les 18 ; & quand, au lieu de 30, il n'y en auroit que 10 ou 12, ce qu'il n'eft nullement poffible de fuppofer, leur feu diminueroit toujours des trois quarts l'effet que peut, dans un temps fi court, faire fur les Troupes attaquantes la Batterie des Attaqués, qui, de plus, fera en même temps fufillée par les Grenadiers & Chaffeurs.

Mais l'Attaqué ne fe contentera pas de faire avancer 18 pieces ? Il faut bien qu'il s'en contente. Les deux divifions les plus voifines de l'attaque en étant à 350 toifes, fi ce n'eft 550, pour s'approcher & fe mettre à bonne portée en ont au moins 200 à parcourir ; par conféquent le temps de recevoir l'ordre, fe mettre en mouvement, arriver, fe mettre en batterie, donnera à l'Attaquant tout le loifir de parcourir lui-même fes 200 toifes, & faire fa charge, fans effuyer un coup de la Batterie approchée : d'où il fuit que, quoique l'Armée attaquée ait une nombreufe Artillerie, & en ait fait la meilleure diftribution poffible, l'Attaquant n'effuie à bonne portée qu'un moment le feu d'une feule Batterie, à laquelle il en oppofe de plus fortes.

Mais, dira-t-on, vous ne répondez au Canon que dans la fuppofition de vos difpofitions ftratagéma-

31.

tiques ? Et si vos Pléfions combattent dans l'ordre parallele ?

Si cela arrive, apparemment elles auront pour cela des raisons particulieres : mais elles ont grande aversion pour le parallélisme ; s'applaudissent beaucoup d'y avoir moins de tendance que les Bataillons ; & savent qu'Epaminondas ni le Roi de Prusse n'ont jamais beaucoup mis le parallele en action, quoique la formation de leurs Troupes ne leur donnât pas la même facilité à former l'oblique, &c.

Je n'admets pour les Pléfions l'ordre parallele que dans le cas d'un champ de bataille serré, qui est celui de leur plus grand avantage contre l'ordre des Modernes. Il est vrai que, si, sur un front très serré, l'Ennemi réunit une très nombreuse Artillerie, qu'il ne se trouve pas quelque circonstance avantageuse à la nôtre, qui lui donne moyen de lui en imposer, & que le terrein ne nous offre pas non plus celui d'arriver en partie à couvert, le poste peut très bien être inattaquable, du moins en plein jour. ( *Voyez* sur cela l'Obfervation X. )

31.

L'Officier qui commande une Batterie dans un combat doit tirer de préférence sur les Troupes ennemies, & s'inquiéter peu du Canon qui n'auroit que le sien pour objet. . . .

Soit que le Canon de l'Attaqué nuise plus ou moins, il est dans l'approche la seule chose qui nuise à l'Attaquant, jusqu'à ce que la Mousqueterie s'y joigne pour nuire aussi un moment. A cela près, les At-

Si votre Canon n'eſt pas aſſez avantageuſement placé pour rompre, ou au moins pour troubler la manœuvre de l'Ennemi, & que le ſien nuiſe beaucoup à vos Troupes, mais qu'en revanche ſes Batteries ſoient expoſées à votre feu, faites tous vos efforts pour les éteindre, pendant le temps qu'on vous cherche un emplacement *plus heureux.*

taqués ne nuiſent point. Et puiſqu'on eſt ſûr de les battre ſi on arrive juſqu'à eux, il ne s'agit pas de leur tuer du monde de loin, mais d'en perdre ſoi-même juſques-là le moins qu'il eſt poſſible. C'eſt donc, comme nous l'avons déja remarqué, uniquement au Canon de l'Attaqué que doit s'adreſſer celui de l'Attaquant.

Nous avons remarqué en même temps que l'Artillerie qui ſemble ne ſonger qu'à détruire, n'eſt pas moins capable de protéger. J'oſe l'inviter à s'occuper un peu davantage & nous occuper auſſi de cette ſeconde propriété qui vaut bien la premiere. Des calculs propres à raſſurer notre Infanterie ſeroient certainement beaucoup plus utiles que ceux dont on l'effraie depuis pluſieurs années. Pourquoi, après avoir calculé ce que tirent tant de pieces en tant de minutes, & la deſtruction qu'elles doivent faire, & par bonheur ne font pas, ne pas calculer auſſi dans quel rapport l'effet quelconque d'une Batterie ſur une Troupe ſera diminué, lorſqu'elle eſſuiera elle-même le feu d'une pareille s'attachant uniquement à tirer ſur elle ? Que ne puis-je dans ce moment faire cette queſtion à notre Auteur lui-même, & joindre ici ſa réponſe ? Mais y penſoit il bien, quand il a deſiré une poſition plus heureuſe que celle d'éteindre le feu de l'Ennemi ?

Au contraire, si votre position est plus meurtriere pour l'Ennemi, contentez-vous de diminuer par vos sages précautions l'effet de son Canon contre le vôtre, & ne vous occupez que de l'objet essentiel qui est la destruction de son Infanterie & de sa Cavalerie, ou des obstacles qui pourroient arrêter vos Troupes. . . .

Les occasions de n'employer l'Artillerie que contre l'Artillerie devroient être bien rares.

## 32.

Le grand embarras, la grande inquiétude de ceux qui commandent une Armée . . . est d'en assurer les flancs. . . . Je ne puis assez m'étonner qu'aucun de nos Tacticiens n'ait proposé, dans ce cas, une nombreuse Artillerie. . . . Ce moyen n'exclut aucun des autres qui ont été imaginés ; au contraire, il en augmente la force & la bonté.

Encore une fois l'objet essentiel pour l'Attaquant, c'est d'arriver pendant le moins qu'il est possible, & non pas de tuer de loin quelques centaines d'hommes.

Elles seroient continuelles si on alloit à la charge aussi volontiers qu'on faisoit autrefois, & que feroient les Plésions.

Sans doute l'Artillerie seroit fort utile dans cette partie : il est vrai qu'elle y seroit bien éloignée de toutes les autres ; & que la distance entre ces divisions & celle du centre, étant plus grande que nous ne la supposons ( Réponse à l'Extrait 30. ), donneroit encore plus beau jeu à une attaque intermédiaire.

Si le Canon se marie très bien avec toutes nos dispositions & manœuvres des flancs, s'il en augmente visiblement la force & la bonté ; c'est pour cela même que nous avons pu nous dispenser d'en parler, traitant l'Infanterie & non pas l'Artillerie. La huitieme Planche du Projet de Tactique, à laquelle l'Auteur fait ici allusion, n'a pas une piece de Canon

O ij

de part & d'autre ; & j'espere qu'il
ne m'a pas cru assez fou pour avoir
prétendu l'exclure des deux Armées.
Mais il falloit , dans toutes vos dispositions , placer toutes les pieces
qui doivent y entrer ? Cela peut être.
Mais je n'ai prétendu donner des
dispositions , & montrer ma ma-
chine en jeu. Je n'ai prétendu que
présenter des idées , & faire connoî-
tre des ressorts. Par exemple , mes
Planches d'oblique & de perpendiculaire expliquent , ce me semble ,
très bien ces grandes manœuvres ,
mais seroient de mauvais modeles
d'ordre de Batailles.

### 33.

*( Extrait de l'idée & non des paroles. )*

Le double oblique de Fo-
lard, pour combattre une riviere à dos, a trop de Canon
pour la protection des ailes ,
pas assez à la tête. L'Ennemi
réunira sur cette tête le feu de
son Artillerie ; & elle en souf-
frira beaucoup , puisqu'elle
l'essuiera long-temps , & res-
tera immobile pendant la conversion des ailes qui sera longue.

Tout cela est très vrai ; & je serai
toujours d'accord avec l'Auteur ,
quand il menacera de l'effet du Canon des corps nombreux qui l'es-
suient long-temps de pied ferme :
mais pourquoi s'amuser à canonner
l'oblique par conversion en arriere ,
quand on connoît celui qui se fait
par un mouvement direct en avant ?

L'Ennemi ne sera pas la dupe
du mouvement : il voit clair en
plaine : & si ce n'en étoit une,
la manœuvre seroit impossible.
Il ne la prend pas pour une
retraite qui ne se feroit pas si
tard, ni pour une fuite qui ne
se feroit pas en si bon ordre.

Ceci est encore très bien vu ; mais
fort inutile. Le seul oblique que jamais , sans doute , personne à l'avenir puisse s'aviser de former partant
du parallele , se fera en pays couvert
& coupé , aussi bien & mieux qu'en
plaine. L'ennemi l'appercevra trop
tard pour en éviter l'effet ; la tête ne

Il s'arrêtera pour voir ce que cela peut devenir. En attendant, son Canon agira.

Il en est de même du double oblique pour attaquer aux ailes refusant le centre. *Ces mouvements rufés préparent le plus beau jeu aux plus fortes Batteries des ailes & du centre.*

se présentera qu'un instant rien moins qu'immobile, & n'essuiera que très peu de Canon.

Oui, quand ils se font mal & lentement ; mais si l'oblique simple ou double partant du parallele à 250 toises, supposé, ne prend, pour se former & aborder l'Ennemi, que le seul temps nécessaire aux Troupes qui en auront la tête pour parcourir ces 250 toises, marchant directement & sur un front de ligne peu étendu ; si en même temps cette tête est protégée par de fortes Batteries qui se présentent en dehors de ses flancs, & battent vivement celles de l'Ennemi ; ces dernieres ont certainement contre nos Troupes le plus mauvais jeu qu'elle puissent avoir.

Si, au lieu de partir du parallele, l'oblique se forme tout en arrivant, & par le seul développement des Colonnes, cette formation & attaque ayant toujours pour base le mouvement direct ; ne sera ni moins brusque, ni plutôt visible, ni plus long-temps canonnée. Il est aisé de concevoir en effet que, si l'on veut former le double oblique au centre, supposant la marche sur six colonnes, la troisieme & quatrieme seront plus fortes que les autres en Troupes & Artillerie, plus rapprochées ; &,

pour parvenir à l'ordre de Bataille propofé, auront moins à dévelop-per. Lors donc que les fix colonnes commenceront enfemble le dévelop-pement pour fe mettre en bataille, en un inftant celles du centre, ayant fait autant de développement qu'el-les en veulent faire, marcheront auffi-tôt à l'Ennemi, pendant que la feconde & cinquieme, qui ont plus à développer, acheveront leur ma-nœuvre, & par conféquent fe laif-feront devancer : de même celles-ci ayant moins à développer que la premiere & derniere, & marchant à l'Ennemi dès qu'elles font en ba-taille, les devancent tout naturelle-ment. L'ordre de marche & fon dé-veloppement bien combinés, com-me il eft très facile, le double obli-que fe trouve en un inftant être for-mé & avoir fait fon attaque.

La rapidité de ces manœuvres, la fupériorité d'Artillerie qui les ap-puie, l'impoffibilité pour l'Ennemi d'approcher & faire agir en fi peu de temps contre leurs têtes le Canon pofté d'abord dans les autres parties de la ligne, font affez voir que ce n'eft pas là le cas où *il eft dangereux de préfenter fon Armée par un angle faillant à quelqu'un qui fait faire ufa-ge de l'Artillerie.*

34.

Les Anciens n'auroient pas toujours employé les métho-des dont on nous parle, s'ils

Mêmes réponfes que pour l'obli-que de Folard. Laiffons le mouve-ment circulaire, & raifonnons fur

avoient eu une Artillerie telle que la nôtre. . . . . A Leuctres, la redoutable Colonne, pendant son long mouvement en portion de cercle, essuiera le feu de 18 pieces de Canon.... Pas un Général ne combattra deux fois dans une semblable ordonnance. . . . .

Je n'ignore pas que nos meilleurs Auteurs condamnent avec raison ces conversions de toute une Armée sous le nez de l'Ennemi, & qu'ils n'estiment guere davantage les masses d'Infanterie trop fortes, *parceque ces ordonnances étant trop en prise à l'Artillerie*, &c. Voilà, me semble, convenir que le Canon auroit fait souvent abandonner aux Grecs, aux Gaulois, aux Indiens, leur maniere de combattre. . . . . Cet aveu, malgré les efforts qu'on fait pour s'en défendre, est très favorable au Canon dans le système des Colonnes & des Pléfions ou Phalanges coupées. . . . . .

le direct, que, sans doute, Epaminondas auroit bien imaginé, s'il avoit eu à essuyer le feu du Canon, & qu'il n'auroit pu employer sans *couper* sa Phalange.

Au reste, je remarquerai en passant qu'à Leuctres les Thébains attaquant par leur gauche, c'est là & non pas à la droite que j'aurois voulu placer leur Canon pour l'opposer à celui de la droite des Lacédémoniens, & favoriser l'approche de la Colonne.

Ceci est captieux; mais ne nous y méprenons pas. L'ordre Grec, pour éviter les conversions & les masses trop fortes, pour acquérir de la vîtesse & de la variété, pour se dérober au Canon ennemi, pour pratiquer au sien des intervalles, certainement ne seroit pas devenu l'ordre moderne, qui n'est autre chose qu'une Phalange atténuée, ne faisant pas masse trop forte, sans doute, mais d'ailleurs remplissant très mal ces différents objets. Il seroit bien plutôt devenu l'ordre François proposé, Phalange coupée & doublée, qui les remplit tous très bien : ordre d'ailleurs moins éloigné des principes du premier, & qui n'y fait d'autre changement que de joindre à la force Grecque l'adresse Romaine. Aussi, lorsque, pour différentes raisons, Antiochus, Porus, Philopemen, Pirrhus, Xénophon, &c. s'éloignerent un peu du fyſtême en uſage de leur temps, ce fut pour s'approcher de celui-ci.

Le Canon ſeul, ſans doute, ſeroit capable de faire rejetter les maſſes trop fortes : mais il ne s'enſuit nullement qu'il conduiſe à la foibleſſe actuelle. Et la preuve ſans réplique, c'eſt que, du temps de Turenne encore, l'Infanterie étoit ſur 8 rangs. Si l'on dit que c'eſt le Canon qui a fait quitter cette méthode, je répondrai premiérement que cela n'eſt nullement vraiſemblable ; parceque, lorſqu'on a commencé à diminuer la hauteur des files, on n'étoit pas *enivré* du Canon comme on l'eſt aujourd'hui, ni même plus qu'on ne l'avoit été dans les deux ſiecles précédents : ſecondement, que le Maréchal de Puyſégur, qui a ſuivi cette chûte de 8 à 4, en donne les raiſons fort étrangeres au Canon. Si on dit qu'au moins les Bataillons à 8 y étoient moins en priſe que les Pléſions, je répondrai ſeulement, pour ne rien répéter, que le contraire eſt amplement prouvé par tout ce que nous avons vu dans ce petit Ouvrage.

**35.**

Alors le front des Batailles diminueroit beaucoup, & par conſéquent le feu du Canon ſeroit plus réuni & plus meurtrier.

Notre front dans l'ordre parallele ne ſera pas plus raccourci que celui d'une Armée égale en bataille à l'ordinaire ſur deux lignes, ſi nous oppoſons deux Pléſions à chaque Bataillon, ne formant qu'une ligne double en forces ; & qui, par ſa

façon

façon de combattre, en est effectivement deux, agissant distinctement
& indépendamment, quoiqu'en-
semble, contre la premiere de l'Ennemi, qu'avec une si grande supériorité, elles ne peuvent manquer
de renverser facilement, & la deuxieme aussi-tôt après.

　　Quand l'ordre parallele raccour-
ciroit notre front nécessairement,
comme il arrivera lorsque nous vou-
drons le renforcer, plaçant 3 Plésions dans le front d'un Bataillon,
ce ne seroit pas un inconvénient,
puisque ce parallele renforcé ne sera
employé que dans le cas où l'Armée
de Bataillons seroit elle-même obligé de se raccourcir ; cas assez ordinaire à la vérité, puisque l'ordre
alongé des Modernes trouve assez
rarement des champs de bataille où
une grande Armée puisse se déployer
dans tout son étalage.

　　Les deux Armées ainsi raccour-
cies, l'une sur 3 ou 6 lignes minces
répétées, l'autre sur une ou deux
de Plésions rapprochées, le Canon,
de part & d'autre, sera également
réuni & meurtrier ( *voyez* Observation XIII ), ou s'il est moins meurtrier pour l'Armée moderne, dont
les dernieres lignes, étant éloignées,
sont moins en prise ; par la même
raison, les premieres combattent avec
une infériorité excessive, & seront

P

infailliblement battues, les dernieres plus aifément encore.

Si le raccourciffement eft tel que,
de part & d'autre, on puiffe réunir
fur un front de 450 toifes 150 pieces
de Canon, il fera fort meurtrier en
effet, & le pofte peut bien être inattaquable; mais ce n'eft pas la faute
des Pléfions; & il ne feroit pas plus
attaquable pour des Bataillons.

Mais fi l'Armée de Bataillons,
ayant le terrein néceffaire, s'eft dé-
ployée & alongée felon fes principes,
l'Armée de Pléfions lui oppofant,
comme de raifon, toute autre difpofition que le parallele; la premiere
aura, comme nous avons vu, fon
Canon répandu fur fon grand front,
avec des diftances énormes entre les
divifions d'Artillerie; la feconde
feule aura dans les parties où elle
engagera l'affaire, fon Canon *plus
réuni & plus meurtrier* : l'avantage
qu'on prétend ici contre elle fera
donc au contraire pour elle feule.

La plus nombreufe Armée
pourroit toujours déborder la
plus foible. . . . .

Eft-ce que, de Bataillons à Bataillons, la plus foible, n'eft pas toujours
débordée, à moins que le terrein
ne fe trouve trop refferré pour la plus
forte, ou que la plus foible s'alongeant à outrance, ne s'affoibliffe à
l'excès?

C'eft au contraire l'Armée de Pléfions qui, moins renfermée dans
l'ordre parallele, n'a point l'incon-

vénient d'être débordée, & dérobe aisément les flancs par le moyen de quelqu'une des trois autres grandes dispositions, & sur-tout de son grand ressort des flancs, dont notre Auteur a certainement bien apperçu l'usage & l'universalité.

Par conséquent les Batteries de flanc auroient un effet terrible.

Par conséquent ces terribles Batteries ne feroient rien du tout. Que m'importe une forte Batterie à votre flanc droit, débordant mon flanc gauche de 200 toises ? puisque ce dernier non seulement n'en approche pas à bonne portée ; mais, au moment où elle pourroit commencer à agir, s'en éloigne rapidement, suivant le fil de la manœuvre qui me porte sur un ou deux points de votre front que j'attaque en forces très supérieures, ne combattant que la partie de votre Artillerie qui se trouve à portée des points attaqués, & à laquelle j'oppose toute la mienne.

Oui vraiment, on le veut ; & on croit l'avoir démontré, quoique cela n'ait pas besoin de démonstration.

### 36.

Enfin l'ordre oblique, l'ordre perpendiculaire & tous les ordres stratagématiques pourront s'exécuter, si l'on veut, avec plus de facilité par les Colonnes que de toute autre façon ; mais cette facilité n'empêchera pas que l'Artillerie, placée suivant nos maximes, ne puisse prendre de front & en flanc, & souvent à dos, les Colonnes

Cette facilité empêche, comme on a vu ( dans les Réponses à l'Extrait 30 ), 1°. par la célérité de la manœuvre, que l'Artillerie de l'Attaqué puisse se porter au point d'at-

raſſemblées dans un petit eſ-
pace, retarder leur marche,
y porter le déſordre, & préparer le chemin de la victoire. . . . . .

37.

J'ajouterai au ſujet des ſtra-
tagêmes conſeillés par les anciens Auteurs de Tactique,
& par les Modernes, que pluſieurs Capitaines de ce dernier
temps les ont renouvellés en
grande partie, & qu'ils y ont

employé l'Artillerie, comme
un des principaux mobiles.

taque, de maniere à y être en forces
égales à celle de l'Attaquant qui
avoit diſpoſé la ſienne pour cette attaque prévue, ſans mettre ſon Ennemi
dans le ſecret. 2°. Elle empêche que
ce que l'Attaqué a d'Artillerie dans
cette partie, indépendamment de
ſon infériorité, ait le temps de faire
beaucoup d'effet.

On nous menace trop vaguement
d'être battus de front, en flanc, & à
dos. Cela pourroit arriver, ſi nous
attaquions un rentrant dont les côtés fuſſent bordés de Canon, à qui
le nôtre ne pourroit en impoſer.
Mais les Pléſions n'iront pas ſe jetter
dans une telle gaîne; & quoique
très hardies contre des Bataillons,
ſauront qu'il eſt même pour elles
des poſtes inattaquables, comme
ſeroit celui qui ne donneroit d'autres
priſes qu'un pareil coupe-gorge.

Tant bien que mal. Il y a eu & il
y a encore de grands Généraux, mais
ils ont un mauvais inſtrument, & les
Bataillons ne ſont pas ſtratagémati-
ques. Auſſi, lorſque l'Ennemi a bien
répondu à leurs grandes manœuvres,
ce que leur lenteur rend preſque
toujours poſſible, ont-elles aſſez mal
réuſſi. Schotzmitz en eſt un exemple remarquable : & dans quelles
mains l'oblique y manqua-t-il ſon
effet ?

Sans doute, il faut y employer
l'Artillerie, mais ſeulement pour

s'oppofer à l'effet de celle de l'Ennemi , & favorifer l'approche. La prin-
cipalité de ce mobile prouve la lenteur & le vice de la manœuvre. Car
le Canon ne peut faire grand effet
qu'avec du temps : l'oblique ne remplit fon objet qu'autant que l'affaire
fe décide très promptement. Arrivant en forces fupérieures fur un
point, il n'y a qu'un moyen de bien
profiter de fon avantage ; c'eft de
charger auffi-tôt , & renverfer l'Ennemi , fans lui laiffer le temps de
renforcer cette partie. Une demi-
heure employée à canonner , plus
qu'inutilement lui tuera 1200 hommes , fi en même temps il lui arrive
une douzaine de Bataillons.

La manœuvre du Prince
Ferdinand à Crevelt n'a-t-elle
pas quelque rapport avec celle
d'Epaminondas à Leuctres ?
Il porte fes plus grandes forces
en Troupes & en Artillerie
vers fa droite , pour attaquer
notre gauche , en refufant la
fienne. . . . .

   La principale différence , c'eft
qu'Epaminondas ne s'amufant pas à
canonner & à fufiller, mais chargeant
promptement pour profiter de tout
fon avantage , la victoire fe déclara
auffi-tôt pour lui. Les Lacédémoniens n'eurent ni le temps ni le
moyen de parer le coup : leur valeur
& leur opiniâtreteté prolongerent le
combat ; mais ils furent toujours en
perte , & du premier moment battus
fans reffource. Ici , au contraire , la
gauche des François n'étant pas char-
gée franchement , fe foutint long-
temps , malgré fon infériorité ; fi
bien même qu'elle auroit infailliblement gagné la Bataille , fi on avoit
mieux profité , pour la renforcer ,

Notre Artillerie, moins nombreufe que la fienne au point de l'attaque, fit plus de défordre. . . . . .

### 38.

Je citerai la Bataille donnée par le Roi de Pruffe contre l'Armée Ruffienne, près de Francfort fur l'Oder. . . . . Le Monarque avoit mis à une de fes ailes prefque tout fon Canon, pour mener des forces plus formidables contre celle de fes Ennemis où il avoit projetté fon attaque. Cette difpofition lui avoit procuré au commencement tout le fuccès qu'il en pouvoit attendre. . . . . Il auroit gagné une Bataille complette, fans la fermeté inébranlable & les favantes manœuvres du Général Soltikoff, fans une Batterie nombreufe que les Ruffes avoient placée dans un cimetiere, qui rompit l'impétuofité des Pruffiens prefque victorieux, & fans l'attaque vigoureufe du Général Laudon. Quel tableau pour un Militaire qui aime fon métier, & qui réfléchit!

du temps que laiffoit la molleffe de l'attaque.

Ce ne fut donc pas ce mobile principal qui fit gagner la Bataille. Je dis plus : pour s'être donné le temps d'en faire ufage , l'Ennemi la perdoit, fi nous-mêmes avions fait meilleur ufage d'un temps fi précieux.

Le Roi avoit effectivement placé beaucoup de Canon à fa droite pour favorifer fon attaque; mais il n'attendit pas de lui le fuccès, & mena auffi-tôt fes Colonnes à l'Ennemi avec tant de vivacité qu'*en quelques minutes* elles emporterent trois Batteries, & mirent en fuite les Troupes qui les défendoient. Le Roi ne donna donc à fon Canon que ce qui lui appartenoit : celui des Ruffes contre une attaque brufque & faite en forces fupérieures, ne fit que ce qu'il devoit faire.

Après ce premier fuccès les Pruffiens furent arrêtés au cimetiere des Juifs, où il y avoit une quatrieme & forte Batterie : & les Ruffes défendirent avec une fermeté admirable ce pofte attaqué par le Roi avec autant de valeur que d'acharnement. Je ne vois pas que l'on puiffe attribuer cet arrêt des Pruffiens à la Batterie nommément. Et fi c'eût été fon ouvrage, les Troupes fe feroient renverfées, & ne fe feroient pas tant opiniâtrées à l'attaque : d'ailleurs, puisque le Roi avoit mis à sa droite *presque tout son Canon pour mener des forces plus formidables*, il est apparent, quoique l'Historien néglige de le remarquer, qu'il le fit avancer contre le cimetiere, & dans ce combat tout au moins ne fut pas inférieur en Artillerie.

Quoi qu'il en soit, cette affaire du cimetiere prolongeant l'action, l'oblique perdit son avantage : & Soltikoff eut le temps de rompre sa seconde ligne, & la porter au secours de sa gauche attaquée. Cependant ni l'effet de la Batterie, ni ce puissant secours n'*arrachoit* encore la *victoire* aux Prussiens. *Il ne falloit peut-être qu'un nouvel effort*, lorsque Laudon chargea la Cavalerie Prussienne, la rompit & la jetta sur l'Infanterie qui en fut mise en désordre. Le Roi, qui se surpassa dans cette journée, rallia & ramena plusieurs fois ses Troupes ; mais le mal étoit trop grand, & ne put être réparé. Il fallut faire sa retraite, dans laquelle il perdit beaucoup encore, Laudon achevant sa victoire avec une vigueur étonnante. Le combat dura 10 heures ; l'Armée du Roi qui étoit de 70 mille hommes, en perdit en tout 15 mille tués ou blessés.

Tel est le *tableau* de cette Bataille de Cunersdorff, d'après un Historien qui paroît bien instruit, mais que je ne peux citer ici. Et je ne vois

pas qu'on en puiſſe tirer aucune *ré-*
*flexion* qui ne ſoit très conforme à
mes idées.

J'ajouterai que ces deux exemples
d'oblique ſemblent peu propres à
prouver ce que prétend notre Auteur. A Crevelt, l'attaque réuſſit,
quoique le Canon de l'Attaqué fît
plus d'effet que celui de l'Attaquant.
A Cunersdorff, elle ne réuſſit pas,
quoique l'Attaquant y eût mis presque tout ſon canon, & de plus eût
pris tout d'abord une partie de celui
de l'Attaqué.

**F I N.**

De l'Imprimerie de Fr. Ambroise DIDOT, rue Pavée.

www.ingramcontent.com/pod-product-compliance
Lightning Source LLC
Chambersburg PA
CBHW071158200326
41519CB00018B/5274